XIANJI GONGDIAN QIYE PEIWANG QIANGXIU ZHIHUI GUANLI SHOUCE

县级供电企业
配网抢修指挥管理手册

（第二版）

国网浙江省电力有限公司　组编

中国电力出版社
CHINA ELECTRIC POWER PRESS

内 容 提 要

本书以配网抢修指挥核心业务为重点,梳理现有配网抢修指挥管理环节,建立标准化的业务流程,提高配网抢修指挥跨专业协同能力和应急响应处置能力。主要内容包括协同机制管理、交接班管理、支持系统缺陷管理、抢修工单管理、停电信息管理、业务培训管理、应急保障管理和典型案例管理等。为方便读者使用,还以附录的形式介绍了配网抢修指挥平台、故障研判操作演示流程、配网抢修指挥业务纳入供电服务指挥体系的工作方案等内容。

本书通俗易懂,内容翔实,适合配网抢修指挥相关工作人员阅读,也可作为电力相关专业人员的辅助读物。

图书在版编目(CIP)数据

县级供电企业配网抢修指挥管理手册/国网浙江省电力有限公司组编. —2 版. —北京:中国电力出版社,2019.4
ISBN 978-7-5198-2962-9

Ⅰ. ①县… Ⅱ. ①国… Ⅲ. ①供电-县级企业-配电系统-检修-技术手册 Ⅳ. ①TM727.3-62

中国版本图书馆 CIP 数据核字(2019)第 028152 号

出版发行:中国电力出版社
地　　址:北京市东城区北京站西街 19 号(邮政编码 100005)
网　　址:http://www.cepp.sgcc.com.cn
责任编辑:穆智勇(010-63412336)
责任校对:黄　蓓　闫秀英
装帧设计:赵姗姗
责任印制:石　雷

印　　刷:三河市百盛印装有限公司
版　　次:2019 年 4 月第二版
印　　次:2019 年 4 月北京第二次印刷
开　　本:787 毫米×1092 毫米　16 开本
印　　张:7.75
字　　数:189 千字
印　　数:2001—3500 册
定　　价:31.00 元

编 委 会

主　　编　　周华

副　主　编　　朱炳铨　　项中明

编　　委　　徐奇锋　　吴华华　　倪秋龙　　谷炜

　　　　　　丁磊明

编 写 组

组　　长　　倪秋龙

副　组　长　　余剑锋　　严昱　　赵鸿雁　　吴文娟

　　　　　　陈于倌

成　　员　　马翔　　牛传臣　　付小平　　姚剑峰

　　　　　　王春雷　　饶明军　　谢朝平　　孙远

　　　　　　余刚　　周盛　　董国平　　胡继军

　　　　　　杨一敏　　冯朝力　　张健　　李玉福

　　　　　　丁豪　　尚宁　　黄剑峰　　方璇

前 言

随着国家电网公司"三集五大"体系的深入推进，《"大运行"体系建设深化提升方案》（国家电网〔2013〕1398 号）明确将配网抢修指挥业务纳入电力调度控制中心，实现电网调控与配网抢修指挥的一体化运作。县级电力调度控制分中心必须紧密结合配网发展技术和管理要求，不断提高自身规范化作业能力，切实提升县级供电企业配网精益化管理水平。

在"大运行"体系建设全面实施的新形势下，为进一步推进配网抢修指挥标准化作业，提升国家电网公司供电服务能力和优质服务水平，国网浙江省电力有限公司（简称浙江公司）组织相关专业人员编写了《县级供电企业配网抢修指挥管理手册》第一版。第一版以浙江公司的配网抢修指挥管理做法为基础，从配网抢修指挥概述、协同机制管理、交接班管理、支持系统缺陷管理、抢修工单管理、停电信息管理、业务培训管理、应急保障管理和典型案例管理等方面入手，梳理配网抢修指挥各业务环节，建立适用于配网抢修指挥专业的作业规范，实现对各项业务的有效管控。

近年来，浙江公司基于"大运行"体系建设成果，依据《国网浙江省电力有限公司关于优化地市（县）供电服务指挥（分）中心机构设置的通知》（浙电人资〔2018〕757 号）文件要求，在县级电力调度控制分中心扩展运检、营销相关业务，实现专业系统信息共享、流程贯通，促进服务前端有效融合，提升营配调专业协同能力，全面建成县级供电企业电力调度控制分中心。根据中心建成后的配网抢修指挥业务架构变化，编者又对《县级供电企业配网抢修指挥管理手册》第一版进行了修编，形成《县级供电企业配网抢修指挥管理手册》第二版。重点对新机构设置、抢修工单管理模式、案例分析、技术问答等章节进行修编，对停电信息管理要求、故障研判流程图解等内容进行整体替换，增加了新交接班流程图示等，删除原 95598 全业务上收题库等不适宜的章节和附录，并更新了一些旧的专业名词。

本书不仅可供县级供电企业配网抢修指挥专业人员日常使用，还可作为岗位专业技能培训教学参考；在编写上突出实用性，力求使读者能够直接应用；在编排上体现图文并茂，力求通俗易懂。

本书在编写过程中得到国家电力调度控制中心和国网浙江省电力有限公司有关部室、兄弟单位的关心、支持和帮助，书中还引用有关单位和个人的文献和技术资料，谨向他们表示衷心的感谢。

由于时间和水平所限，书中难免出现疏漏之处，恳请各位专家和读者批评指正。

编　者

2019 年 3 月

目　录

前言

第一章　概述 ……………………………………………………………………… 1
　第一节　配网抢修指挥基础知识 ……………………………………………… 1
　第二节　配网抢修指挥业务管理 ……………………………………………… 2
　第三节　配网抢修指挥运行监控 ……………………………………………… 8

第二章　协同机制管理 …………………………………………………………… 9
　第一节　工作机制协同 ………………………………………………………… 9
　第二节　业务流程协同 ………………………………………………………… 9
　第三节　系统数据协同 ………………………………………………………… 12
　第四节　保障体系协同 ………………………………………………………… 14

第三章　交接班管理 ……………………………………………………………… 15
　第一节　交接班规定 …………………………………………………………… 15
　第二节　交接班方式 …………………………………………………………… 15
　第三节　交接班准备 …………………………………………………………… 15
　第四节　交接班内容 …………………………………………………………… 16
　第五节　交接班注意事项 ……………………………………………………… 16
　第六节　交接班记录（模板） ………………………………………………… 16

第四章　支持系统缺陷管理 ……………………………………………………… 24
　第一节　缺陷术语和定义 ……………………………………………………… 24
　第二节　支持系统及设备 ……………………………………………………… 24
　第三节　缺陷管理职责 ………………………………………………………… 24
　第四节　缺陷处理要求 ………………………………………………………… 25
　第五节　缺陷流程描述 ………………………………………………………… 26
　第六节　缺陷分类描述 ………………………………………………………… 28
　第七节　报告与记录 …………………………………………………………… 28

第五章　抢修工单管理 …………………………………………………………… 30
　第一节　抢修工单处置原则 …………………………………………………… 30
　第二节　95598 抢修工单 ……………………………………………………… 31

第三节　主动抢修工单···33

第四节　主动异常工单···36

第六章　停电信息管理···38

第一节　一般管理要求···38

第二节　计划停电信息管理···38

第三节　故障停电信息管理···40

第七章　业务培训管理···45

第一节　组织机构···45

第二节　培训范围···45

第三节　培训内容···45

第四节　培训形式···46

第五节　考核评价···46

第八章　应急保障管理···47

第一节　组织机构及职责···47

第二节　应急处置方案···47

第九章　典型案例管理···52

第一节　工单回退主要原因说明···52

第二节　案例分析···52

第三节　配网抢修工作的相关要求和规范···59

附录一　配网抢修指挥平台···66

附录二　故障研判操作演示流程···70

附录三　配网抢修指挥业务纳入供电服务指挥体系的工作方案···································75

附录四　主动抢修量化考核···78

附录五　国网浙江省电力公司配网主动抢修指挥管理办法·······································81

附录六　国网浙江省电力公司配网抢修指挥管理实施细则·······································84

附录七　国家电网公司配网抢修指挥工作管理办法···92

附录八　调配抢一体化反事故无脚本应急演练···100

附录九　配网抢修指挥业务劳动竞赛方案···106

第一章

概　　述

第一节　配网抢修指挥基础知识

一、配网的基本概念及其发展

由发电厂、电力变压器、输电线路和各种用电设备组合而成的统一整体，称为电力系统。电力系统各级电压网络的标称电压值，称为系统的额定电压。目前我国电力系统主要额定交流电压划分为 1000、750、500、330、220、110、63、35、10、6、3kV 和 380、220V。其中，1000kV 及以上称为特高压电网，750～330kV 称为超高压电网，220～63kV 称为高压电网，35kV 及以下称为配电网（简称配网）。

配网的作用是在消费电能的地区接受输电网传送的电力，对其进行分配，输送到城市、郊区、乡镇和农村，进一步分配和供给工业、农业、商业、居民及特殊需要的用电客户。配网的电气设备主要包括架空线路、站房、配电站、电缆、公共设施五大类，主要一次设备有变压器、断路器、负荷开关、隔离开关、熔断器、电压互感器、电流互感器、避雷器、电容器、母线、绝缘子、带电指示器、故障指示器等。

近年来，随着客户用电需求的逐步提高，配网的建设与改造得到空前发展，配电自动化技术也在部分主要城区得到广泛应用。但是长期以来，配网的发展相对滞后，网架结构和接线方式复杂，线路变化频繁，信息少、盲点多，设备种类多、数量大，技术支撑不足，使得配网的运行监控与故障分析诊断难度大，电网调控管辖范围也仅限于 10kV 配网的主干线，配网抢修指挥业务仅依赖于低压客户报修的被动抢修模式。

二、配网抢修指挥的定义

配网抢修指挥是指地、县调根据国网客服中心派发的抢修类工单或主动收集的故障信息，对配网故障进行专业研判，并将抢修类工单派发至相应抢修单位，实行配网故障抢修的统一指挥协调。运维检修部门作为业务支撑机构，强化配网抢修过程中人员、车辆、物资以及抢修方案的统筹管理，实现配网抢修资源综合利用和抢修现场的立体化协调。

三、配网抢修指挥的发展历程

县供电公司配网抢修指挥业务的前身为客户服务中心下属的 95598 服务班。随着 95598 业务向上集约，2004 年县供电公司客户服务中心下属 95598 服务班撤销，统一归属到市供电公司层级。

根据"三集五大"体系建设要求，2012 年 6 月，市供电公司客户服务中心 95598 业务统一上收至各省供电公司的客户服务中心，各市、县供电公司成立配网运行抢修指挥中心。在市供电公司层级上，与原来的客户服务中心合并，纳入营销部归口管理；在县供电公司层级上，新成立配网运行抢修指挥中心，纳入运维检修部归口管理。在此期间，大部分省供电公司在市、县供电公司部署 95598 远程工作站，通过系统流程逐级受理并派发报修工单。国网浙江省电力公司（简称浙江公司）则统一建设配网抢修指挥平台，实现与 95598 工单流程的贯通，但是配网抢修指挥工作依赖于客户报修，配网抢修指挥中心相当于一个"工单中转站"。

随着生产信息化及配网监控水平的提高，浙江公司的配网发展进入一个新阶段。一方面，建成基于实时信息、能量管理、配网管理、广域测量与公用信息平台的调度自动化系统（地县一体调度自动化技术支持系统）和 PMS 系统（输变配一体的生产管理系统），并逐步向低压延伸；另一方面，通过试点并初步推广，建成智能公用变压器监测系统（后续整合至四区主站系统），实现配电变压器终端全覆盖；智能总保系统（剩余电流动作保护器监测系统）实现全覆盖、全安装、全投运；低压 GIS 系统实现全录入；完成生产与营销系统的营配贯通数据对应。各支持系统的陆续上线，进一步提升智能台区的建设、应用和在线监测水平，为配网抢修的"指挥"职能发挥重要的作用。为此，浙江公司从 2012 年中开始，试点建设配网抢修指挥 II 期平台，并在试点成功基础上，于 2013 年底在全省全面推广应用，实现从"事后被动处置"到"事中提前抢修"和"事前诊断预控"的转变。

同年，在推进"两个转变"、全面建成"一强三优"现代公司的进程中，国家电网公司对社会和客户提出"最后一公里"的服务承诺，明确将配网抢修指挥业务纳入"大运行"范畴。2014 年 3 月，浙江公司完成各市、县公司配网抢修指挥业务划转至调控中心，县调成立配网抢修指挥班，通过业务协同配合，实现电网调控与配网抢修指挥业务一体化运作，进一步强化电网生产运行业务跨专业协同能力，提升供电优质服务水平。

2018 年以来，浙江公司在县公司电力调度控制分中心扩展运检、营销相关业务，纳入服务指挥、配网监测、配电自动化运维等新业务，实现专业系统信息共享、流程贯通，提升营配调专业协同能力，全面建成县级电力调度控制分中心（供电服务指挥分中心）（简称县调）。

第二节　配网抢修指挥业务管理

一、配网抢修指挥值班人员配置

（1）县调组织架构：县调下设配网抢修指挥班，如图 1-1 所示。

图 1-1　县调组织架构图

（2）岗位设置：配网抢修指挥班设班长、安全员和配网抢修指挥人员岗位。

（3）配网抢修指挥业务定员标准见表 1-1。

二、配网抢修指挥工作职责

配网抢修指挥业务范围是接收 95598 故障工单，综合调控运行及其他信息开展故障研判，通知相应运维单位，下派工单、督促进度、反馈信息并对抢修工单实行全过程跟踪、督办和闭环管理。具体工作包括：

表 1-1　　　　　　　　　　　配网抢修指挥业务定员标准

上年月均折算业务量（笔）	定员（人）	上年月均折算业务量（笔）	定员（人）
100	4	2200	10
400	6	4200	12
1000	8	6600 及以上	14

（1）负责配网故障研判、抢修指挥。

（2）负责统一接收抢修工单，并将工单派发至运维单位工作人员，协调处理归属不明的工单。

（3）负责发布故障停电相关信息。

（4）负责对派发的抢修工单进行跟踪、督办和闭环管理。

（5）负责统计并审核抢修工单反馈信息。

（6）负责对抢修工单的处理质量进行分析评价。

（7）负责对抢修工单异常情况进行督办和反馈意见的汇总，并提出考核意见。

（8）负责对配网抢修指挥平台的应用功能提出需求，负责配网抢修指挥平台实用化验收及应用管理、考核评价工作，督促平台建设运维部门对存在的问题及时完成整改，并配合相关部门做好平台培训工作。

三、县级供电企业配网抢修指挥岗位说明（模板）

班长岗位说明见表 1-2。

表 1-2　　　　　　　　　　　　班 长 岗 位 说 明

一、岗位基本信息			
所属部门	××公司调控分中心（供服分中心）	岗位编号	×××××
岗位等级	十一级	岗位定员	1人

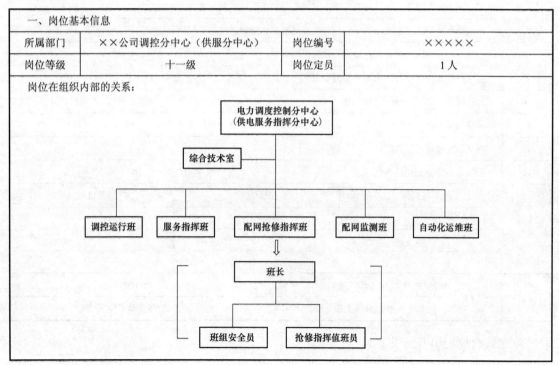

岗位在组织内部的关系：

二、岗位工作说明

岗位概要描述：
在县调主任、分管副主任的领导下，是配网抢修指挥班的安全第一责任人。对本班组人员在工作过程中的安全和健康负责。负责总体协调值班人员工作，对县调配网抢修指挥业务负责

权限	（1）对县调抢修指挥工作有决策权。 （2）对编写县调配网抢修指挥业务实施细则有决策权。 （3）有权督促全班人员严格执行各项规章制度
责任	（1）本班组安全、抢修指挥第一责任人。 （2）负责定期开展配网抢修指挥平台培训。 （3）负责定期组织配网抢修工作相关要求和规范培训。 （4）负责传达上级文件精神和规范要求。 （5）督促值班员按规定做好交接班工作，负责定期召开班组安全活动，组织班组人员学习安全生产有关规章制度和事故通报，传达上级有关安全生产精神。 （6）负责总体协调值班人员工作，指挥相关部门和机构。 （7）定期召开异常工单分析会，加强抢修类工单管控。 （8）负责本公司 95598 故障工单数据统计、分析

按重要性排序	工 作 内 容
1	对县调所有配网抢修指挥业务负责
2	总体协调值班人员工作，指挥相关部门和机构
3	及时处理突发事件和服务需求，根据受理内容，判断事件的重要程度、紧急程度和影响范围，进行分类处理，对于重特大事故，按应急预案分级规定启动相应的应急程序，立即指挥，进行事件处理
4	指挥值班人员处理电网事故（故障）紧急事件
5	根据电网事故（故障）、社会事件的严重等级启动各级应急预案，负责向预案相对应的各级部门汇报事故情况，并根据需要派出抢修第二梯队、公司应急基干队伍或外协力量
6	对 95598 故障工单和主动工单的处理质量进行分析评价，并进行问题归因
7	定期召开异常工单分析会，加强抢修类工单管控
8	对配网抢修指挥平台的应用功能提出需求
9	抢修事件汇总、分析、总结工作
10	对抢修类异常工单进行督办和反馈意见的汇总，并按职责范围提出考核
11	对 95598 故障工单数据统计、分析
12	完成县调领导交代的其他任务

关键绩效考核指标	考核指标	指标说明/公式	参考目标值

工作条件	野外/现场工作强度	工作环境描述
	基本在办公室内工作	一般办公室工作环境

安全员岗位说明书见表 1-3。

表 1-3   安全员岗位说明书

一、岗位基本信息			
所属部门	××公司调控分中心（供服分中心）	岗位编号	×××××
岗位等级	十级	岗位定员	1 人

岗位在组织内部的关系：

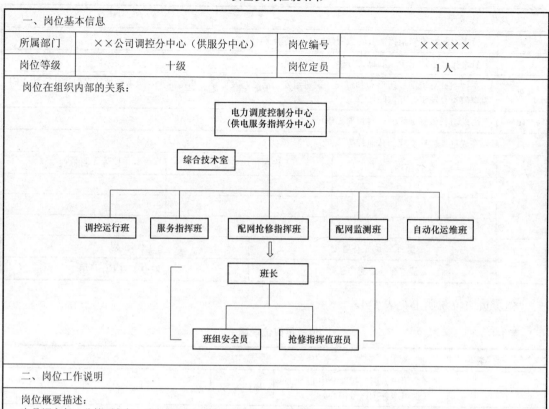

二、岗位工作说明

岗位概要描述：

　　在县调主任、分管副主任、班长的领导下，负责抢修工单处理过程的全方位、全过程管控。对抢修问题工单进行督办；协助进行配网故障抢修指挥，紧急事件处置与上报等业务。对本班的安全工作负有重要的管理责任，协助班长做好班组的安全管理工作，完成班长指定的工作；组织开展本班安全活动；分析班内的安全情况和配网抢修指挥情况并提出改进措施

权限	（1）对县调抢修指挥工作有建议权。 （2）对县调配网抢修指挥业务实施细则编写、修订有建议权。 （3）有权督促全班人员严格执行各项规章制度。 （4）协助班长开展配网抢修指挥工作。 （5）有权主持召开好班前、班后会和每周一次班组安全活动
责任	（1）对派发的抢修工单进行跟踪、督办和闭环管理。 （2）对 10kV 及 0.4kV 电网的故障研判、抢修指挥，负责与上级 95598 服务协调坐席的沟通联系。 （3）对全班人员执行各项规章制度的程度负责。 （4）对本班年度安全生产目标的完成情况负责

按重要 性排序	工 作 内 容
1	负责 10kV 及 0.4kV 电网的故障研判、抢修指挥，负责与上级 95598 服务协调座席的沟通联系
2	负责统一接收国网客服中心下发的抢修工单
3	负责抢修工单派发至运维单位，协调处理归属不明的工单，负责 95598 故障工单数据统计、分析
4	负责对派发的抢修工单进行跟踪、督办和闭环管理
5	负责审核运维单位的抢修工单反馈信息，审核通过后提交国网客服中心，完成工单闭环
6	负责对 95598 故障工单和主动工单的处理质量进行分析评价，并进行问题归因

二、岗位工作说明	
7	负责对配网抢修指挥平台的应用功能提出需求
8	负责抢修事件记录、汇总、分析、总结工作
9	主持召开好班前、班后会和每周一次班组安全活动，及时学习事故通报，吸取教训，采取措施，防止同类事故重复发生，并做好记录
10	协助班长做好班组的日常管理工作
11	完成县调领导交代的其他任务

关键绩效考核指标	考核指标	指标说明/公式	参考目标值

工作条件	野外/现场工作强度	工作环境描述
	基本在办公室内工作	一般办公室工作环境

值班员岗位说明书见表1-4。

表1-4　　　　　　　　　　　　值班员岗位说明书

一、岗位基本信息			
所属部门	××公司电力调度控制分中心（供电服务指挥分中心）	岗位编号	×××××
岗位等级	十级	岗位定员	7人

岗位在组织内部的关系：

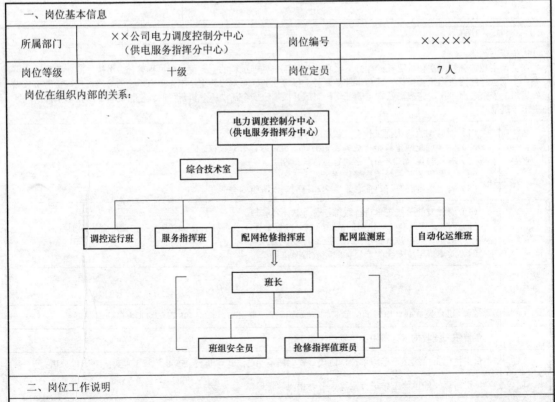

二、岗位工作说明

岗位概要描述：
　　在县调主任、分管副主任、班长的领导下，负责抢修工单处理过程的全方位、全过程管控。对抢修问题工单进行督办；协助进行配网故障抢修指挥，紧急事件处置与上报等业务

续表

二、岗位工作说明			
权限	(1) 对县调抢修指挥工作有建议权。 (2) 对县调配网抢修指挥业务实施细则编写、修订有建议权		
责任	(1) 对派发的抢修工单进行跟踪、督办和闭环管理。 (2) 对 10kV 及 0.4kV 电网的故障研判、抢修指挥，负责与上级 95598 服务协调坐席的沟通联系。 (3) 统一接收国网客服中心下发的抢修工单		
按重要性排序	工作内容		
1	负责 10kV 及 0.4kV 电网的故障研判、抢修指挥，负责与上级 95598 服务协调座席的沟通联系		
2	负责统一接收国网客服中心下发的抢修工单		
3	负责将抢修工单派发至运维单位，协调处理归属不明的工单，负责 95598 故障工单数据统计、分析		
4	负责对派发的抢修工单进行跟踪、督办和闭环管理		
5	负责审核运维单位的工单反馈信息，审核通过后提交国网客服中心，完成工单闭环		
6	负责对 95598 故障工单和主动工单的处理质量进行分析评价，并进行问题归因		
7	负责对配网抢修指挥平台的应用功能提出需求		
8	负责抢修事件记录、汇总、分析、总结工作		
9	完成县调领导交代的其他任务		
关键绩效考核指标	考核指标	指标说明/公式	参考目标值
工作条件	野外/现场工作强度	工作环境描述	
	基本在办公室内工作	一般办公室工作环境	

四、配网抢修指挥支持系统

配网抢修指挥平台是配网生产抢修指挥业务应用的信息化支撑平台，该平台整合 SCADA 系统、调度自动化系统、95598 系统、配电自动化（已整合智能公用变压器监测系统、智能总保监测系统、配电线路在线监测系统）、用电采集系统、PMS/GIS 系统、GPS 和视频等信息，以生产和抢修指挥为应用核心，实现生产指挥、故障抢修、日常办公等应用（配网抢修指挥平台详见附录一）。

五、配网故障研判

故障研判是指借助配网抢修平台收集的智能公用变压器终端、智能总保、营销用电采集系统的配电变压器停电信息，依托电网拓扑关系和电源追溯原理，通过人工触发进行的故障区域判别。当只有一台配电变压器停电信息上传时，系统能识别单台配电变压器故障；当某一支线上 80% 以上配电变压器停电时，系统能识别支线故障；当多回支线上均有 80% 以上配电变压器停电时，系统能识别就近干线开关后段失电；若同时变电站负荷为零，可判断出现 1 号杆开关故障（故障研判演示流程详见附录二）。

六、配网主动工单

利用配网抢修指挥平台收集的三大类信息（失电类、电能质量异常类、采集信号异常类），以派发主动工单（故障类、异常类）的形式开展主动抢修和提前抢修，有效减少 95598 报修量。

（1）确认故障停电后，对上及时报送停电信息，有效答复客户报修诉求；对下派发主动抢修工单，开展主动抢修。

（2）运用配网抢修指挥平台对设备异常信息进行收集，派发主动异常工单，开展提前抢修，有效控制设备故障发展态势，避免被动故障停电后的客户报修。

第三节　配网抢修指挥运行监控

为确保工单处理质量和处理效率，配网抢修指挥人员应加强对支持系统的日常运行监控。

一、运行监控流程

运行监控流程示意图如图 1-2 所示。

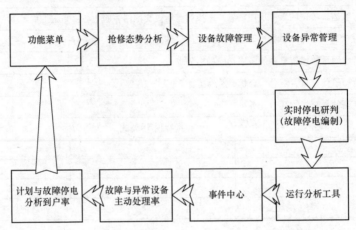

图 1-2　运行监控流程示意图

二、运行监控一般要求

（1）严格按照流程和作业指导书执行。

（2）严格执行监控纪律，认真监盘，对弹出告警信息及时确认、分析判断，有异常或故障应立即汇报，并做好记录。

（3）抢修指挥值班员对 95598 故障工单实时管控，发现问题及时督办。

（4）管控过程中优先处置 95598 报修信息和停电告警信息，再处置设备异常预警信息。

（5）恶劣天气或非正常运行方式期间，应加强监控。

三、处置原则

（1）定时对配网抢修指挥平台进行全面巡检，掌控 95598 故障工单态势、主动工单态势、停电告警数量等各项数据及故障停电信息发布的及时性、准确性、规范性等，并做好记录。

（2）对设备故障管理模块每 30min 巡检一次，当发生停电告警应及时研判处理。

（3）对设备异常管理模块每 2h 巡检一次，发现异常预警立即派发工单；对于系统自动派发的异常工单定期进行跟踪。

第二章

协同机制管理

第一节 工作机制协同

为进一步规范配网抢修指挥业务纳入后电网调控与配网抢修业务的日常业务，强化专业之间的协同配合，应结合实际建立电网调控与抢修指挥日常沟通和业务协同工作机制。

一、席位设置及分工

（1）配网抢修指挥宜采用与电网调控合署办公模式，充分考虑席位之间的日常沟通便利性，当值设置值班长、值班调控员、配网抢修指挥人员等岗位。

（2）当值值班长统筹协调各值的业务衔接与配合，包括不明抢修工单的协调。调控员负责电网调度、监控业务，同时负责配合配网抢修指挥业务涉及电网操作和事故处理指挥及与配网抢修指挥人员之间的信息交换，协助故障研判。配网抢修指挥人员负责95598故障工单的受理、故障研判、工单派发、工单业务督办与回单审核，以及与调控员之间的信息交换；同时负责内部抢修工单和内部异常工单的派发，实现主动抢修和提前抢修。

二、统一交接内容

宜采用电网调控与配网抢修统一交接班方式进行。调整交接班记录格式，交接内容应包括：①正值调控员部分的电网非正常运行情况、缺陷及处理情况、检修情况、其他注意事项；②副值调控员部分的调控操作情况、缺陷及处理情况、其他注意事项；③配网抢修指挥人员部分的本值工单及停电信息执行情况、异常工单情况、其他注意事件。

第二节 业务流程协同

配网故障抢修工作流程因故障信息来源不同而有所不同，而故障信息来源有95598、调度自动化系统和配网抢修指挥平台三个。

一、故障信息来源于95598系统

配网故障抢修工作流程（故障信息来源于95598）如图2-1所示。

（1）县调配网抢修指挥人员受理国网客服中心下发的抢修工单后，会同调控员进行故障研判（区分10kV故障或0.4kV故障），并通知相应责任单位查找故障。

（2）若故障需调整运行方式，由调控员进行方式调整，隔离故障点，完成安全措施后，许可现场故障抢修；若无需调整运行方式，由现场抢修人员处理后直接反馈给县调配网抢修指挥人员。

（3）故障处置完毕后，抢修人员汇报调控员和县调配网抢修指挥人员，调控员恢复正常方式；县调配网抢修指挥人员审核记录无误后反馈至95598。

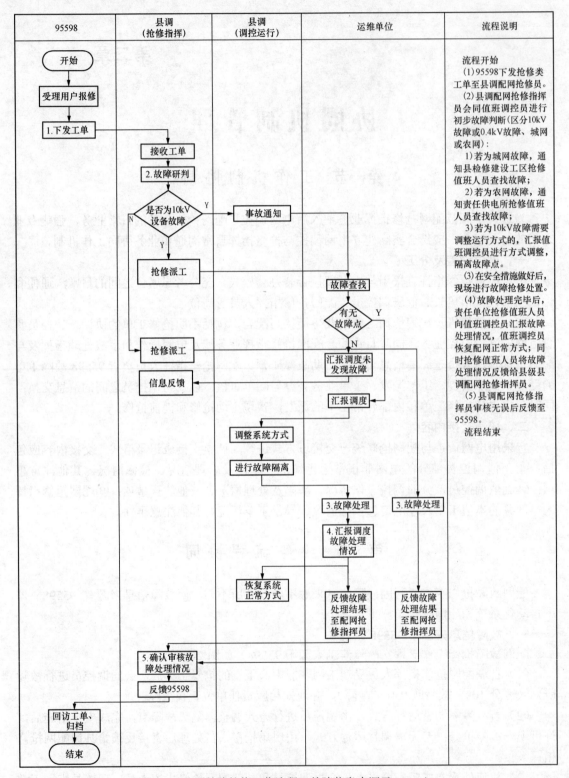

图 2-1 配网故障抢修工作流程（故障信息来源于 95598）

二、故障信息来源于调度自动化系统

配网故障抢修工作流程（故障信息来源于调度自动化系统）如图 2-2 所示。

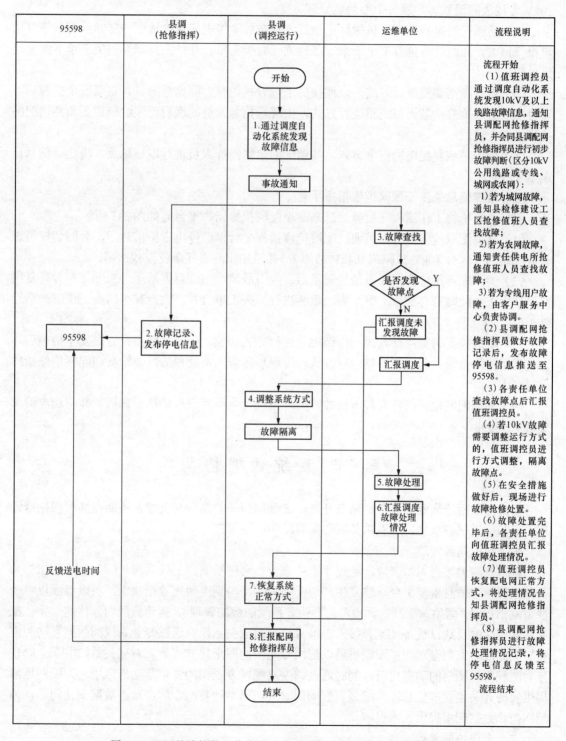

图 2-2 配网故障抢修工作流程（故障信息来源于调度自动化系统）

（1）调控员通过调度自动化系统发现故障信息（10kV 故障信息），告知县调配网抢修指挥人员，并共同对故障进行研判（区分公用线路或专线），并通知相应责任单位查找故障，10kV 专线故障通知客户服务中心协调处理。

（2）县调配网抢修指挥人员做好记录后，发布故障停电信息推送至 95598，有效答复用户报修诉求。此时若有抢修工单下来，迅速进行同类工单合并，大量减少同类工单下派至运维单位。

（3）若故障需调整运行方式，由调控员进行方式调整，隔离故障点，完成安全措施后，许可现场故障抢修；若无需调整运行方式，由现场抢修人员处理后反馈给调控员和县调配网抢修指挥人员。

（4）调控员恢复配电网正常方式，县调配网抢修指挥人员进行审核记录，将送电信息反馈至 95598。

三、故障信息来源于配网抢修指挥平台

配网故障抢修工作流程（故障信息来源于配网抢修指挥平台）如图 2-3 所示。

（1）县调配网抢修指挥人员通过配网抢修指挥平台推送停电告警信息后，会同调控员进行故障研判（区分 10kV 故障或 0.4kV 故障），并通知相应责任单位查找故障。

（2）县调配网抢修指挥人员做好记录后，发布故障停电信息推送至 95598，有效答复用户报修诉求。此时若有抢修工单下来，迅速进行同类工单合并，大量减少同类工单下派至运维单位。

（3）若故障需调整运行方式，由调控员进行方式调整，隔离故障点，完成安全措施后，许可现场故障抢修；若无需调整运行方式，由现场抢修人员处理后反馈给县调配网抢修指挥人员。

（4）县调配网抢修指挥人员审核故障处理情况，无误后进行确认、归档，并将送电信息反馈至 95598。

第三节　系统数据协同

为确保配网抢修业务有序、高效开展，加强部门间的配合与支撑，不断提高配网抢修管理水平和优质服务水平，应着重开展数据异动和同源管理。

一、数据同源管理

推进营配调数据同源管理，通过"一个平台、两座桥梁、三处数源"（即以电网 GIS 为公共电网地理信息资源平台，建立生产与营销、生产与调度两座数据桥梁，明确界面以唯一性为原则实现"营销、生产、调度"三个业务系统的数源管理），构建营配调一体的数字化配网。其中营配贯通以设备 ID 和接入点编号建立对应关系，并通过专业系统间数据互动和消息机制完成动态数据对应；配调贯通以配网专题图的图形化方式建立对应关系，并通过 PMS 异动流程实现图形的动态更新，同时通过调度对配网专题图的置位等功能应用，为配网抢修提供实时开关位置等信息。营配调数据同源管理明确专业界面，解决动态数据变化问题，为配网抢修数据应用提供技术保障。

二、专业协同管理

打破专业壁垒，着重业务流程化管理，搭建以配网抢修指挥为主线，生产、营销专业

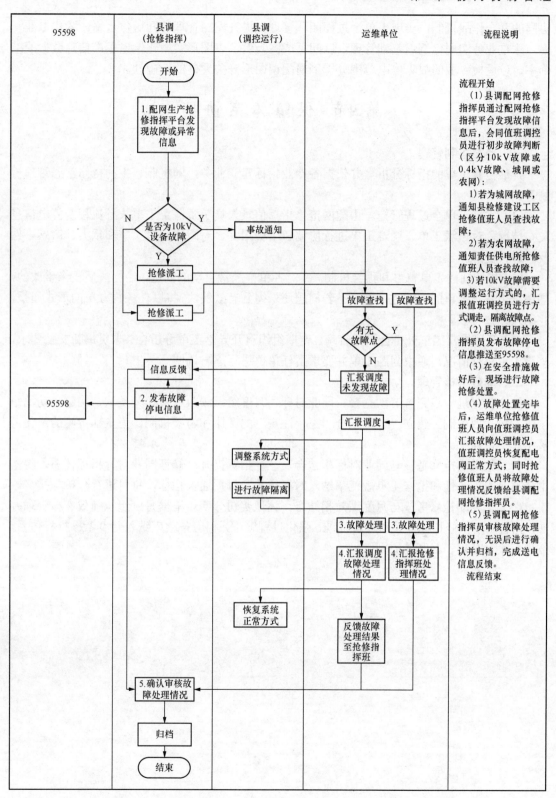

图2-3 配网故障抢修工作流程（故障信息来源于配网抢修指挥平台）

协同的联合作战机制，实现工单全过程闭环管理，提升配网管理协同协作水平。强化专业互促，注重业务实用化倒逼基础管理，以配调成图为例，以图形实用化倒逼生产信息数据的准确率，以运检专业的故障停电范围分析倒逼配调图形开关置位的正确性。

第四节 保障体系协同

一、监督机制管理

开展抢修工单的指标分析，并依据各专业指标建立业务协同机制、主动抢修常态管理机制等。

（1）实行工单全过程管控。由配网抢修指挥值班人员负责监督工单执行流程及停电信息发布情况，对错派工单、疑难工单进行协调和全程跟踪，对即将超时工单和重大、敏感事件及时进行提醒。

（2）推行问题工单督办和预警机制。针对各单位经常出现的问题，经提醒后还未整改的，县调以下发预警单的形式进行警示；若问题还未得到有效解决，将以任务督办单的形式通报，并纳入绩效考核。

（3）开展异常工单分析会长效管理。定期组织召开异常工单分析会，宣贯最新文件要求，核查工单执行情况，通报问题工单并要求责任单位进行逐一说明。

二、绩效考核管理

结合实际进一步完善劳动竞赛、同业对标、月度组织绩效考核相关条款，构建主动抢修量化考核长效机制，建立"三个结合、三个注重"的评比和考核机制，为主动抢修的量化考核工作提供抓手。

（1）把主动抢修考核与同业对标相结合，注重指标提升。修订同业对标指标体系，将停电信息录入规范性和抢修工单规范率纳入对标体系，每周通报指标，每月进行分析与排名。

（2）把主动抢修考核与月度绩效相结合，体现奖罚分明。根据月度组织绩效考核管理办法，完善主动抢修指标体系和评价标准，强化过程管理，相应条款应纳入月度考核指标体系，体现公平、公正、公开的原则。

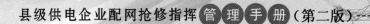

第三章

交 接 班 管 理

交接班制度是保证日常工作顺利交接的前提，其作用是加强过程管理，明确交接班双方的职责和义务，避免推诿现象，高效、安全地将各值之间的工作衔接起来，保证公司安全生产的稳定运行。

第一节 交 接 班 规 定

（1）配网抢修指挥人员应按值班安排表值班，如遇特殊情况无法按计划值班，需经配网抢修指挥班班长同意后方可换班，不得连续当值两班。若接班人员无法按时到岗，应提前告知配网抢修指挥班班长，并由交班人员继续值班。若因特殊原因，接班人员无法到岗的，由配网抢修指挥班班长安排备班人员值班。

（2）接班人员在接班前 8h 内不准饮酒，24h 内不准醉酒。值班人员当班期间不准饮酒。

（3）接班人员必须在规定交接班时间前 10min 到达值班室并整理着装完毕，不得迟到、缺岗。接班人员应及时清除浏览器缓存并检查系统运行情况，避免登录超时或工单无提示音。

（4）电网发生重大事故或面临恶劣自然气候影响等情况时，接班人员应按要求提早到达值班室准备接班或协助交班人员。

（5）交接班按规定时间准时进行。如遇有电网事故或其他情况需要推迟交接班时，应推迟交接班。

（6）交接班时要求声音洪亮，语言流利，交代清楚，交接班人员精神集中专注。

第二节 交 接 班 方 式

（1）交接班应按值班安排表的规定进行。

（2）在交接班时间前 30min 内做好交接准备，接班人员应在规定时间进入供电服务指挥大厅。

（3）实行对口交接，交接班地点设在供电服务指挥大厅。

第三节 交 接 班 准 备

一、接班准备

（1）接班人员到达值班室，整理着装完毕。

（2）接班人员互查本值成员的精神状态良好、着装规范。

（3）在交接班前10min开始阅读有关记录，熟悉当前工单及停电信息数量及状态。

二、交班准备

（1）交班前30min，整理已完成工单和在途工单的数量；设备故障、异常工单数量和状态；计划停电、故障停电、临时停电以及超电网供电能力等信息反馈情况；整理有关记录，梳理并核实全部交接项目和内容，确保各项内容正确全面不遗漏。要求交班过程口述的内容与交接班记录中的内容保持一致。

（2）交班各值整理本岗位办公用具、文档材料、资料夹等。

第四节 交接班内容

（1）交班人员在交接前应填好相关记录，做好现场清洁。否则，接班人员有权拒绝接班，其后果由交班人员负责。

（2）交接班正式签名后，所发现的问题（清洁、异常）原则上全由接班人员负责。

（3）交班应做到全面清晰，接班应做到"五清楚"：系统运行状况清楚；已完成工单和在途工单清楚；设备故障、异常工单数量和状态清楚；计划停电、故障停电、临时停电以及超电网供电能力等信息反馈情况清楚；特殊交代事项清楚。

（4）交接班时间内发生故障抢修，应由交班人员负责处理，接班人员做好协助准备。

（5）领导或者上级调度机构交代的配网抢修工作安排等其他事项。

第五节 交接班注意事项

（1）当班发生的大型故障抢修未告一段落不交接。

（2）接班人员精神状态不好不交接。

（3）系统运行状况不清楚不交接。

（4）工单数量、状态不明确不交接。

（5）停电信息反馈不完整、不正确不交接。

（6）记录不全、不清不交接。

（7）值班场地清扫不干净不交接。

第六节 交接班记录（模板）

一、纸质版交接班记录

纸质版交接班记录可统一登记在值班长交接班记录中，格式参考表3-1。

表3-1　　　　　　　　　　　县调值班长交接班记录

岗位名称	交接班项目	交 接 班 内 容
正值调控	电网非正常运行情况	
	缺陷及处理情况	

续表

岗位名称	交接班项目	交接班内容
正值调控	检修情况	今日工作班共__个，已许可__个，已终结__个，未许可__个，取消__个［办理工作检修计划取消__个，停电信息取消（是、否）通过相关单位］
	其他注意（交代）事项	
副值调控	副值调控操作情况	本值接预令__个，正令__个，已执行__个，未执行__个，不执行__个
	缺陷及处理情况	
	其他注意（交代）事项	
配网抢修指挥	本值工单及停电信息执行情况	上值剩余故障工单__条，本值新接故障工单__条，已完成__条，剩余__条，故障停电信息发布__条
		上值遗留非抢修工单__条，本值新接非抢修工单__条，派单__条，遗留非抢修工单__条
	异常工单情况	催办工单（故障）：__条，抢修派工超时（故障）：__条，到达现场超市（故障）：__条
	其他注意（交代）事项	
交班人员确认签名	值班长： 正值调控员：	副值调控员： 配网指挥抢修值班员：
接班人员确认签名	值班长： 正值调控员：	副值调控员： 配网指挥抢修值班员：
交接班时间		

二、生产管理系统（PMS）交接班记录

（1）进入生产管理系统（PMS），左键点击左侧"系统导航"，展开下拉列表，如图 3-1 所示。

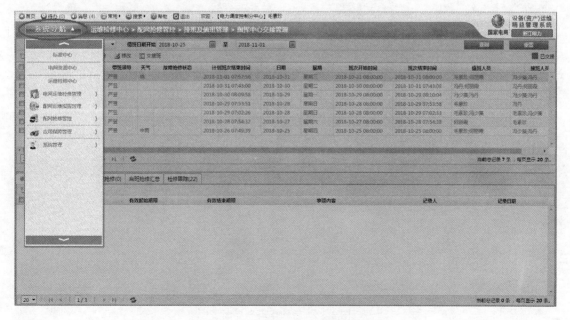

图 3-1 "系统导航"下拉列表

（2）在下拉列表中选择"配网抢修管控"栏，在右侧展开栏中左键点击"排班及值班管理"栏中的"指挥中心排班管理"选项，如图 3-2 所示。

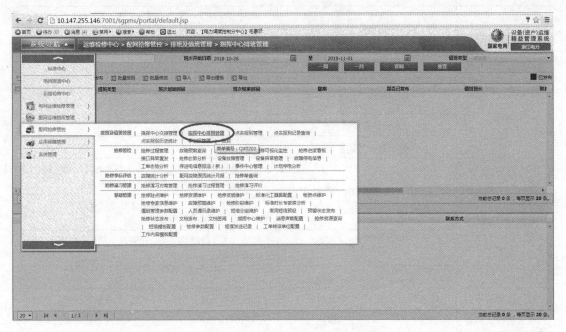

图 3-2 "指挥中心，排班管理"界面

（3）在"指挥中心排班管理"界面左键点击"新建"选项，弹出"新增排班"界面，如图 3-3 所示。

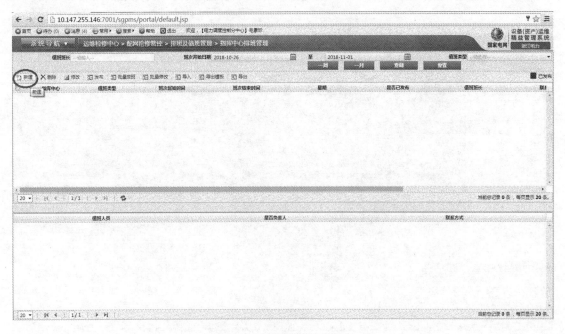

图 3-3 "新增排班"界面

（4）在"新增排班"界面中，左键点击倒三角及小日历将下拉列表展开，点选相应选项，在下方方框中勾选"值班人员"左侧方框后，左键点击"新建"选项，在选择完值班人员后左键点击"保存"按钮。在"联系方式"与"排班明细文本"后分别填入相应信息，如图3-4所示。

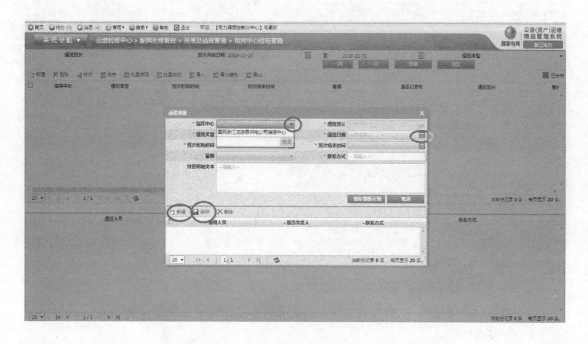

图 3-4　填入联系方式和排班明细文本

（5）左键点击"保存排班计划"按钮，如图3-5所示。

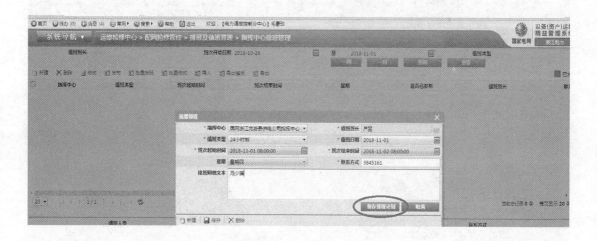

图 3-5　点击"保存排班计划"按钮

（6）勾选左侧该值班方框后，点击"发布"按钮，如图3-6所示。

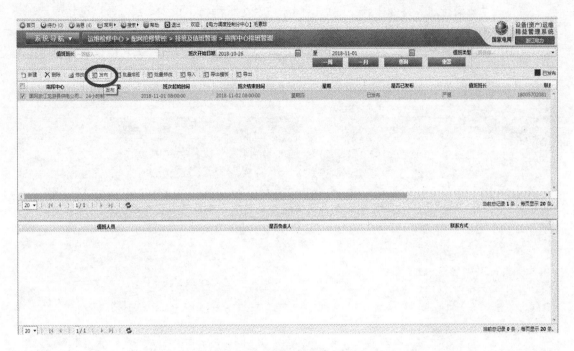

图 3-6　点击"发布"按钮

（7）点击"系统导航"，展开下拉列表，左键点选"指挥中心交接管理"进入交接界面，如图 3-7 所示。

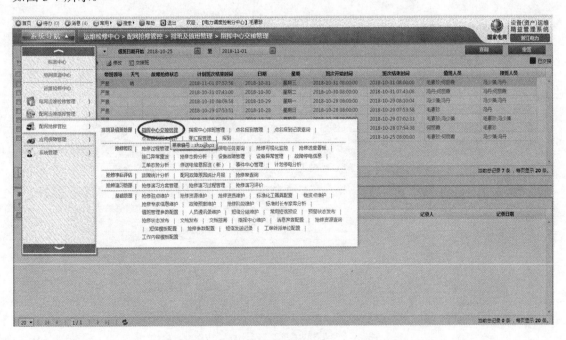

图 3-7　点击"指挥中心交接管理"进入交接界面

（8）左键点击"引入排班计划"，如图 3-8 所示。

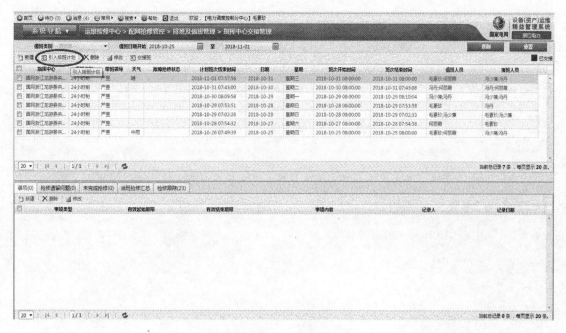

图 3-8　点击"引入排班计划"

（9）进入界面后，勾选左侧方框刚刚发布过的排班计划，点击"导入"，如图 3-9 所示。

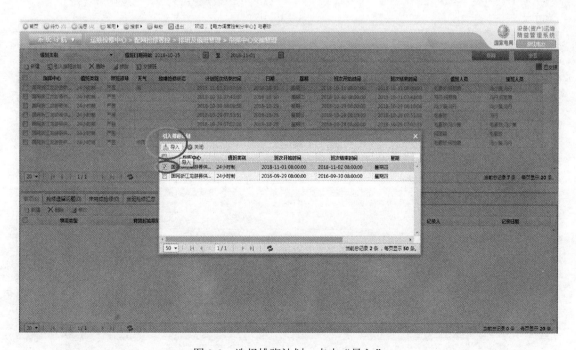

图 3-9　选择排班计划，点击"导入"

（10）勾选左侧排班列表前的方框，然后左键点击"交接班"按钮，进入"交接班"界面。此时排班计划行为黑色，如图 3-10 所示。

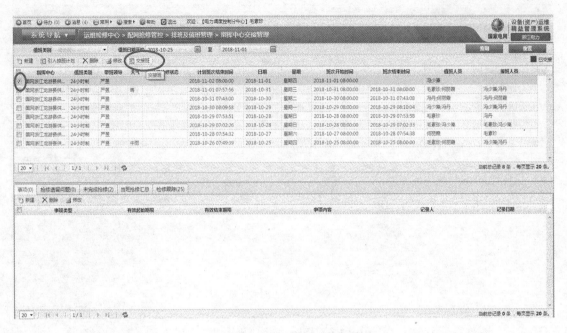

图 3-10 "交接班"界面

（11）左键点击接班人右侧的展开按钮，选择相应接班人员，点击"确定"，如图 3-11 所示。

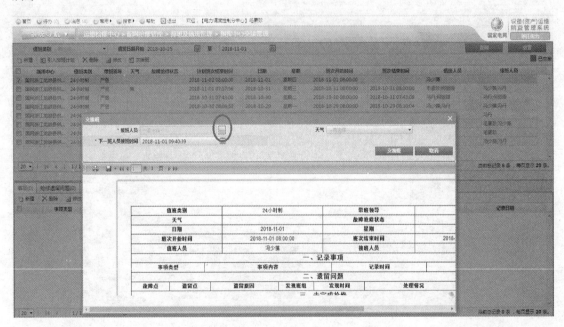

图 3-11 选择相应接班人员，点击"确定"

（12）最后选择好"天气""下一班人员接班时间"等选项内容后，左键点击"交接班"，如图 3-12 所示。

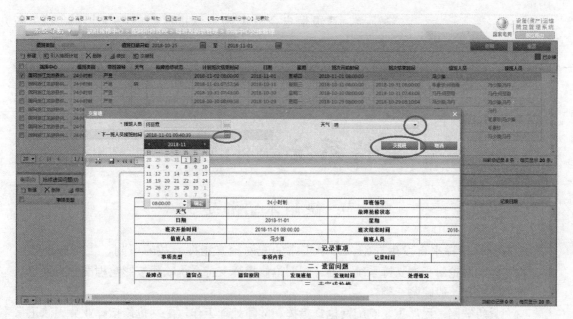

图 3-12 选择"天气"及"下一班人员接班时间",点击"交接班"

(13)交接班完成后,该排班显示为红色,如图 3-13 所示。

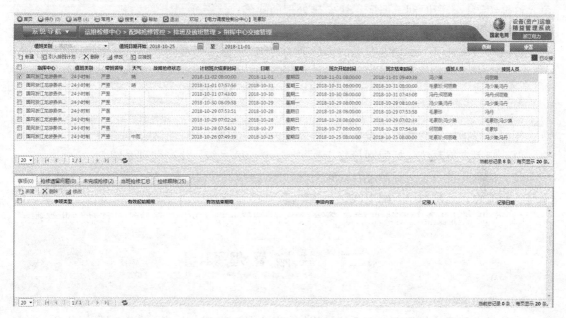

图 3-13 交接班完成

第四章

支持系统缺陷管理

第一节　缺陷术语和定义

　　配网抢修指挥平台发生异常，影响正常的配网抢修指挥、故障研判、工单处理等业务，均称为配网抢修指挥支持系统缺陷。配网抢修指挥支持系统缺陷按影响程度分为紧急缺陷、重要缺陷和一般缺陷三类。

　　（1）紧急缺陷：已严重影响配网抢修指挥、故障处理工作，配网抢修指挥业务无法正常流转、闭环，必须立即进行处理的缺陷。

　　（2）重要缺陷：对配网抢修指挥、故障处理工作有一定影响或可能发展成为紧急缺陷，虽允许继续运行一段时间，但应尽快安排处理的缺陷。

　　（3）一般缺陷：对配网抢修指挥业务影响不大，且不致发展成为重要缺陷，尚能继续运行，可结合系统升级、新功能发布同步处理的缺陷。

第二节　支持系统及设备

　　配网抢修指挥支持系统的设备按层级划分为应用支持系统、信息支持系统和辅助系统。

　　（1）应用支持系统包括配网抢修指挥平台、95598系统、生产管理系统。

　　（2）信息支持系统包括调度自动化系统、配电自动化系统（已整合智能公用变压器监测系统、智能总保监测系统、配电线路在线监测系统）和用电采集系统。

　　（3）辅助系统设备包括地理信息系统（GIS）、抢修车辆GPS定位系统、移动作业终端等。

第三节　缺陷管理职责

一、归口职能部门

　　（1）健全配网抢修指挥支持系统缺陷管理相关管理制度、档案资料等，做好备品备件管理，掌握县公司配网抢修指挥支持系统各类缺陷情况。

　　（2）审定各单位上报缺陷分类的正确性、完整性和及时性，并提出处理意见；必要时组织缺陷分析，确定缺陷处理方案，制定技术改进措施。

　　（3）督促并指导维修处理单位的缺陷消缺和处理工作，并及时将缺陷处理结果反馈运行（应用）单位。

　　（4）组织对配网抢修指挥支持系统紧急缺陷、重要缺陷的处理，及时组织人员商定方案，尽快安排处理。

（5）每月对公司配网抢修指挥支持系统缺陷情况和消缺率进行统计分析，对公司各单位缺陷管理流程的执行情况进行评价与考核。

（6）每年年中及年底对全公司配网抢修指挥支持系统缺陷管理情况进行分析总结。

二、运行（应用）单位

（1）及时发现并掌握配网抢修指挥支持系统内设备缺陷的具体情况，包括缺陷发现时间、设备名称、缺陷部位、缺陷内容、缺陷性质等，并提出初步的处理意见上报归口管理部门。

（2）协助归口职能部门督促、协调配网抢修指挥支持系统的消缺工作，并对变化中的缺陷加强跟踪监视。

（3）发现配网抢修指挥支持系统存在紧急缺陷或重要缺陷，应立即向归口管理部门汇报，并督促缺陷的处理。

（4）负责落实缺陷未处理期间的业务预控和防范措施。

（5）负责缺陷处理后的验收，将验收情况详细登录到缺陷记录中；对维修处理单位缺陷管理流程的执行进行评价，并提出考核意见。

（6）每月对配网抢修指挥支持系统缺陷统计分析和小结，并报归口管理部门。

三、维修处理单位

（1）根据归口管理部门提出的处理意见和其他要求，按规定的流程和期限及时消缺。

（2）缺陷未处理前，提出该缺陷将可能造成的影响以及所需预控的措施。

（3）缺陷处理完毕后，对消缺工作的完成情况及是否可投运给出明确结论，并将处理情况及时反馈归口管理部门和运行（应用）单位。

（4）对消缺工作的安全和质量负责。

第四节 缺陷处理要求

一、一般要求

（1）归口职能部门、运行（应用）单位和维修处理单位共同组成县公司三级缺陷管理网络，各级专业人员均为缺陷管理网络成员，共同负责做好缺陷管理工作。

（2）归口职能部门为县公司配网抢修指挥支持系统缺陷主管部门，负责配网抢修指挥支持系统缺陷的日常管理。

（3）运行（应用）单位为县公司配网抢修指挥支持系统的使用单位，负责本部门缺陷管理工作，发现缺陷、正确分类、审核缺陷、准确记录、及时上报归口职能部门，同时动态掌握缺陷变化情况。

（4）维修处理单位为县公司配网抢修指挥支持系统消缺工作的实施单位，负责对各应用单位上报缺陷及时处置，确保系统正常运行。

（5）所有缺陷（包括在日常巡视、工单操作、平台升级验收等工作中发现的各类缺陷）都应登录到缺陷管理流程中。对已经处理的设备缺陷，也要做好详细记录。缺陷记录的主要内容包括单位名称、缺陷设备名称和部位、缺陷主要内容、缺陷性质、缺陷类别、发现者姓名和日期、处理情况及结果（包括必要的检测数据）、缺陷原因、处理者姓名和日期、验收情况等。

（6）运行（应用）单位值班人员应加强对带缺陷设备的运行监视，掌握设备缺陷的发展趋势，当缺陷恶化时应及时汇报归口管理部门，并做好相关记录。运行（应用）单位和归口管理部门有相互监督、协助，及时消除缺陷的责任。

（7）重要缺陷因故不能按规定期限消除时，应及时逐级汇报。配网抢修指挥支持系统内重要缺陷若因系统运行等原因不能及时停役处理，需要带缺陷继续运行时，不论何种原因，不论采取何种措施，均应征得归口管理部门同意。

（8）经处理仍不能消除的重要缺陷，维修处理单位应及时汇报运行（应用）单位和归口管理部门。

（9）归口管理部门应做好缺陷处理备品备件的采购和保管。对重要和紧急缺陷的备品备件，应及时组织采购，确保在规定的消缺期限内到位。

二、缺陷处理周期

（1）一般缺陷：需停系统处理的结合停系统处理，原则上在系统停机时所有的一般缺陷都应消缺处理；不需停系统处理的在一个季度内处理。

（2）重要缺陷：消缺期限为 7 天，特殊情况下，最长消缺处理期限为 1 个月。

（3）紧急缺陷：在 24h 内安排处理。

三、缺陷统计

（1）配网抢修指挥支持系统缺陷统计工作每月一次。消缺处理率及缺陷上报准确率由运行（应用）单位负责统计，并于次月 8 日前上报归口管理部门。

（2）消缺处理率按主要缺陷（紧急及重要缺陷）和一般缺陷分开统计，主要缺陷消缺率要求达到 100%，一般缺陷消缺率要求大于 90%。缺陷上报准确率要求大于 95%。

（3）一般缺陷处理率统计方法：

$$一般缺陷处理率 = \frac{本月一般缺陷处理总条数}{本月一般缺陷到期总条数 + 本月未到期一般缺陷处理条数} \times 100\%$$

（4）主要缺陷处理率统计方法：

$$主要缺陷处理率 = \frac{本月主要缺陷处理总条数}{本月主要缺陷到期总条数 + 本月未到期主要缺陷处理条数} \times 100\%$$

（5）缺陷上报准确率统计方法：

$$缺陷上报准确率 = \frac{本月处理缺陷中的上报内容准确条数}{本月处理的缺陷条数} \times 100\%$$

第五节　缺 陷 流 程 描 述

一、缺陷管理流程

（1）运行（应用）单位发现缺陷，进行初步分析并分类后及时登记到缺陷管理流程（重要缺陷和紧急缺陷应立即向归口管理部门汇报）。对于能自行消除的缺陷，积极组织安排自行消缺，并将缺陷原因、处理情况及验收意见详细登记，完成缺陷流程闭环。

（2）归口管理部门应设专（兼）职缺陷管理人员，对各运行（应用）单位上报的缺陷进行核实、分析，对管辖范围内的缺陷督促落实消缺。

（3）缺陷处理完毕后，维修处理单位应及时将处理情况及结果反馈至归口管理部门，归口管理部门组织运行（应用）单位进行验收。

（4）通过验收后，维修处理单位在缺陷管理流程中填写处理情况及结果，并反馈至运行（应用）单位；运行（应用）单位在收到缺陷处理完毕后，对缺陷再次进行验收，验收通过后在缺陷管理流程中填写验收意见，确保缺陷流程的闭环管理。

（5）归口管理部门应动态掌握配网抢修指挥业务的缺陷情况，督促缺陷流程各环节的流转，并对缺陷处理情况提出指导与考核意见。

二、缺陷处置流程

配网抢修指挥支持系统缺陷管理流程如图 4-1 所示。

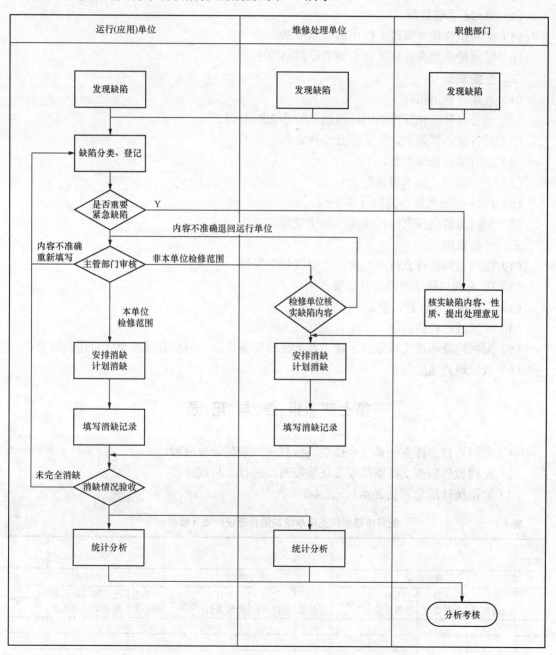

图 4-1　配网抢修指挥支持系统缺陷管理流程

第六节 缺陷分类描述

一、紧急缺陷

（1）配网抢修指挥支持系统瘫痪。

（2）全公司移动作业终端出现问题单位达 50%及以上。

（3）省电力公司服务器故障。

（4）95598 系统故障。

（5）配网抢修指挥值班工作电脑电源中断。

（6）配网抢修指挥值班工作电脑出现网络中断。

二、重要缺陷

（1）故障研判出错。

（2）全公司移动作业终端出现问题单位达 20%及以上。

（3）设备故障管理中，告警声音不稳定。

（4）实时信息通道中断。

（5）平台提示"脚本错误"。

（6）PMS 基础数据不完整（不正确）。

（7）配网抢修指挥支持系统短信发送失败。

三、一般缺陷

（1）配网抢修指挥支持系统出现"感叹号"告警。

（2）IE 遇到加载项故障并且需要关闭。

（3）Token 失效频繁告警。

（4）××线路构面异常。

（5）配网抢修指挥支持系统出现"查询坐标服务出错，请检查服务是否可用"告警。

（6）故障研判速度慢。

第七节 报告与记录

（1）配网抢修指挥支持系统全部缺陷应登录到缺陷管理流程。

（2）配网抢修指挥支持系统设备缺陷按月度进行分析统计。

（3）缺陷统计汇总表见表 4-1、表 4-2。

表 4-1 　　　　　　　配网抢修指挥支持系统缺陷月度统计表（模板）

填报单位										月份		
	紧急缺陷				重要缺陷				一般缺陷			
	本月发现条数	上月遗留条数	本月处理条数	处理率	本发现条数	上月遗留条数	本月处理条数	处理率	本月发现条数	上月遗留条数	本月处理条数	处理率
主要缺陷处理率		一般缺陷处理率			填报人				填报时间			

表 4-2 配网抢修指挥支持系统缺陷汇总表（模板）

单位（部门）	缺陷编号	功能模块	缺陷描述（①具体操作的步骤；②用户问题描述）	缺陷截图	缺陷性质	发生时间	平台账号/密码	处理时间	缺陷原因及处理简况	验收人	验收意见

第五章

抢修工单管理

第一节 抢修工单处置原则

一、抢修工单的分类及处置

抢修工单按类型分为 95598 故障工单、主动抢修工单和主动异常工单三种。当同时出现上述工单时，优先处理 95598 故障工单，再处理主动抢修工单，最后处理主动异常工单。

二、抢修工单的跟踪

县调配网抢修指挥人员负责对抢修工单进行全过程跟踪。具体内容包括：

（1）对派发的抢修工单，监督运维单位工作人员是否在规定时间内完成接单工作。

（2）对应发布故障停电信息的抢修工单，应监督运维单位工作人员是否在规定时间内发布并进行跟踪。

（3）对运维单位工作人员汇报的难以完成的工单进行跟踪。

（4）对上级单位下派存在区域错误的抢修工单，应及时联系上级单位协助处理，并对此工单进行全程跟踪。

三、抢修工单督办

县调配网抢修指挥人员负责对超过预警时限或已超回单时限的在途工单以及重大、敏感事件进行督办。具体内容包括：

（1）95598 下发的催办工单，应立即通知运维单位在规定时间内将处理情况反馈至县调配网抢修指挥人员。

（2）供电企业服务不到位可能导致客户投诉、舆情风险的抢修工单。

（3）即将到达现场超时的抢修工单，及时督促运维单位工作人员尽快到达现场。

（4）难以在规定抢修时限内完成的工单，应及时提醒运维单位工作人员，尽量缩短抢修修复时间。

四、抢修工单审核

县调配网抢修指挥人员负责在规定时限内全面审核运维单位回复的工单内容，符合规范要求的提交 95598 系统，完成工单闭环；不符合要求的则回退至运维单位重新规范填写。

五、抢修工单分析

县调配网抢修指挥人员负责做好每日、每周、每月各运维单位抢修工单数量、类型的统计及异常工单的记录工作，保证准确无误、数据真实，并及时向部门领导汇报。

六、抢修工单评价

县调配网抢修指挥人员负责对抢修工单的处理质量进行分析评价，对工单进行问题归因（如违反承诺、工作差错、工作不规范、处理不及时、处理不完善等）；负责相关业务报表的制作、统计及报送工作，定期发布责任单位工作执行情况。

第二节 95598 抢修工单

一、工单派发原则

（1）抢修工单由配网抢修指挥人员通过配网抢修指挥平台派发至运维单位处理。

（2）经配网抢修指挥人员判定属重复报修工单的，应及时做好工单关联，并将工单信息及时传递到运维单位，抢修人员做好用户的沟通、解释工作。

二、工单接单及回退原则

（1）运维单位抢修人员在接到配网抢修指挥班派发抢修工单后，在规定时限内完成接单工作。

（2）运维单位对下派工单的退单原则：配网抢修指挥人员下派抢修工单存在区域错误、地址判别失误或运维单位选择错误的，各运维单位不得随意退单。

（3）运维单位在了解正确地址并确定责任归属单位后，及时向配网抢修指挥人员汇报，得到配网抢修指挥人员可以回退指令后，规范填写回退原因（回退原因填写：工单归属责任单位）后进行回退。严禁因核实不准确，出现频繁回退派工的情况。

三、工单现场处理

（1）运维单位抢修人员到达现场后，及时反馈到达现场信息。

（2）运维单位抢修人员完成故障勘察后，及时反馈勘察信息。

（3）运维单位抢修人员完成故障抢修工作后，及时反馈抢修处理情况信息。

（4）配网抢修指挥人员在收到运维单位抢修人员填写的抢修现场记录后，及时确认抢修结果，符合规范要求的提交 95598 系统，完成工单闭环；不符合要求的则回退至运维单位重新规范填写。

（5）工单处理情况填写要求：

1）抢修工单处理情况填写务必真实、准确、完整，严格按照工单回复模板填写，不能简单填写"已处理""已沟通""已联系""已答复""已复电"等。对于无法满足客户需求或存在处置困难的工单，应详细写明原因、相关依据和与客户沟通情况等。抢修现场记录填写的内容务必包含"六要素"，即处理时间、处理经过、处理依据、处理方案、客户意见和处理人。

2）对现场无法立即处理的抢修工单，如路灯问题、电压长期不稳、电力设施被盗（无电无危险）、施工现场遗留问题及缺陷等，在工单中选择正确的类别并按要求在回复时详细注明无法立即处理的原因、处理情况及预计处理时间。

（6）"最终答复"工单。

1）使用范围：①因触电、电力施工、电力设施安全隐患等引发的伤残或死亡事件，供电企业确已按相关规定答复处理，但客户诉求仍超出国家有关规定的；②因醉酒、精神异常、限制民事行为能力的人提出无理要求，供电企业确已按相关规定答复处理，但客户诉求仍超出国家有关规定的；③因青苗赔偿（含占地赔偿、线下树苗砍伐）、停电损失、家电赔偿、建筑物（构筑物）损坏引发经济纠纷，供电企业确已按相关规定处理，但客户诉求仍超出国家有关规定的；④因供电企业电力设施（如杆塔、线路、变压器、计量装置、分接箱等）的安装位置、安全距离、噪声和电磁辐射引发纠纷，供电企业确已按相关规定答复处理，但客户诉求仍超出国家或行业有关规定的。

2）使用条件：使用"最终答复"时，必须同时满足以下条件：①符合正常工单填写规范和回复要求；②客户诉求超出政策法规和优质服务的范畴；③已向客户耐心解释，但客户仍不满意、不接受或坚持提出不合理诉求；④经省公司责任部门分管副主任或以上领导签字确认、加盖部门（单位）公章；⑤提供处理录音（录像）、相关文件和产权分界证明材料等必要的证据。

四、工单处理时限

（1）接单派工时限：从配网接收时间开始到配网抢修指挥人员"抢修派工"步骤，必须在规定时间内完成。

（2）到达现场时限：从客户挂机时间开始，到抢修人员抵达现场为止，城市要求 45min 以内，农村要求 90min 以内，特殊边远地区要求 120min 以内。

（3）到达现场后抢修人员应在 5min 内将到达时间录入系统，抢修完毕后 5min 内完成工单回复，配网抢修指挥人员接到运维单位反馈故障处理结果后，30min 内完成审核并提交 95598 系统。

（4）抢修工单的修复时间：低压 4h，10kV 架空线路 8h，重大故障和电缆故障抢修不间断。

（5）配网抢修指挥人员接到 95598 催办工单后，立即通知责任单位，并在 20min 内将被催办工单的处理情况反馈 95598。催办工单信息反馈要求：××月××日，催办工单编号××，对应主工单编号××，该催办信息已告知××供电公司××供电所××班××（人员姓名），要求工作人员与客户取得联系并尽快处理客户诉求。

五、工单督办要求

对即将到达现场超时及修复超时的工单，应加强督办。

六、工单考核内容

（1）接派单超时、到达现场超时、修复时长超时限；

（2）因处理不完善造成用户重复报修、回访不满意甚至投诉；

（3）处理不及时造成催办；

（4）回单不规范被国网客服中心退单。

七、95598 故障工单处理流程

95598 故障工单处理流程如图 5-1 所示。

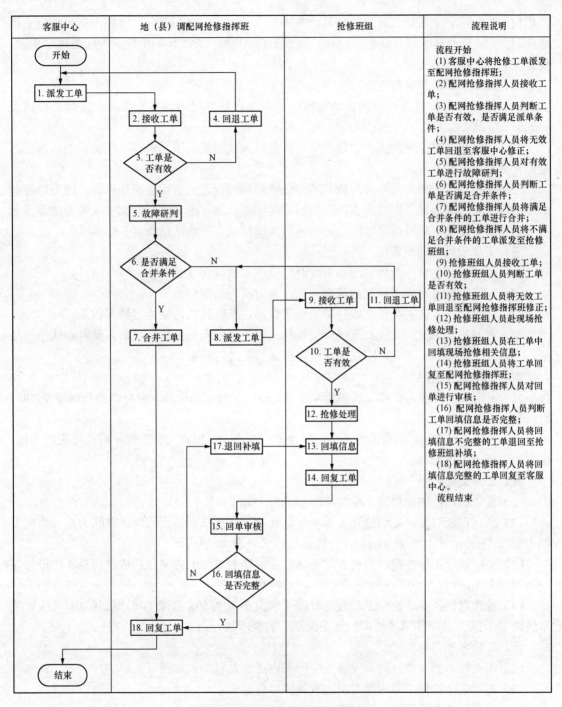

图 5-1 95598 故障工单处理流程

第三节 主动抢修工单

一、工单派发原则

配网抢修指挥人员对配网抢修指挥平台推送的停电告警信号进行初步判断：若是单台

公用变压器故障，应对该台区进行研判，并下发主动抢修工单；若同一区域内多台配电变压器同时故障，应对该区域开展停电研判，并下派主动抢修工单。期间出现 95598 故障工单时，优先派发 95598 故障工单。

二、工单接单及回退原则

（1）运维单位抢修人员接到主动抢修工单后，在规定时限内发布故障停电信息推送至 95598。

（2）运维单位对下派的主动抢修工单不得进行无故回退，确因责任区域错误的，由配网抢修指挥人员协助处理。

（3）运维单位抢修人员一旦发现移动作业终端故障或无信号而影响接单时，应采用应急措施确保工单正常流转；同时应将书面材料报运维检修部，经运维检修部审核确为故障或无信号后报县调备案。运维检修部应及时协调、组织移动作业终端的修复工作事宜。

三、工单现场处理和审核

（1）运维单位抢修人员到达现场后，及时反馈到达现场信息。

（2）运维单位抢修人员完成故障勘察后，及时反馈勘察信息。

（3）运维单位抢修人员在完成故障抢修工作后，及时反馈抢修处理情况信息。

（4）配网抢修指挥人员收到运维单位抢修人员填写的现场抢修情况后，及时确认抢修结果，当出现工单填写不规范时回退处理，审核通过后及时归档。

四、工单处理原则

（1）运维单位抢修人员若发现确为停电的，应第一时间填报故障停电信息推送至 95598，有效答复用户报修诉求。

（2）若经现场勘察，主动抢修工单需其他单位配合的，抢修人员汇报配网抢修指挥人员，由其通知相关单位配合。

五、工单处理时限

（1）接单时限：主动抢修工单接单时限原则上为 2min。

（2）到达现场时限：主动抢修工单从下派开始，到抢修人员到达现场时间为止，原则上城市要求 45min，农村要求 90min，特殊边远地区要求 2h 以内。

（3）主动抢修工单在抢修人员到达现场后，原则上 5min 内完成到达时间录入，抢修完毕后原则上 5min 内完成工单回复。

（4）处理时限：主动抢修工单处理时限原则上参照 95598 故障工单"低压 4h、10kV 架空线路 8h、重大故障和电缆故障抢修不间断"的要求执行。

六、工单考核内容

（1）因处理不到位造成同一设备故障一周内 3 次及以上重复派发工单的。

（2）接到主动抢修工单未及时发布故障停电信息的。

（3）主动抢修类抢修工单超时限的。

（4）故障研判率低于 95%指标。

（5）停电信息录入不规范。

七、主动故障工单处理流程

主动故障工单处理流程如图 5-2 所示。

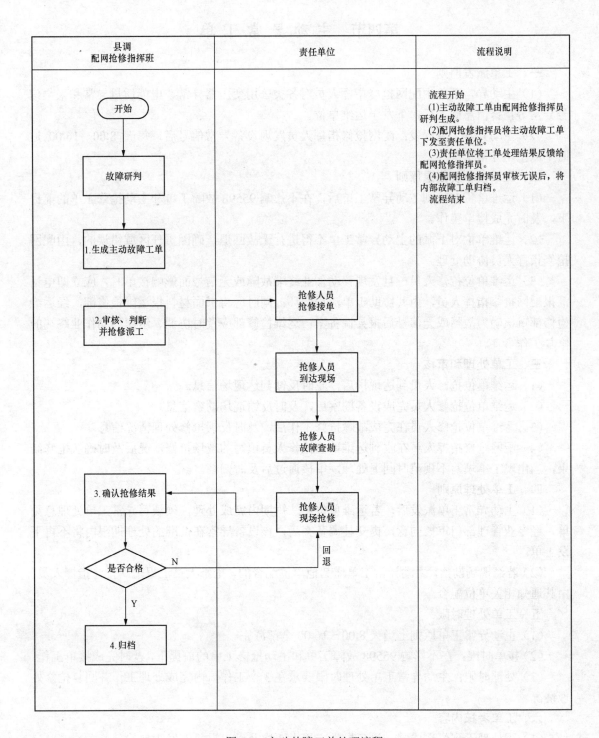

图 5-2　主动故障工单处理流程

第四节 主动异常工单

一、工单派发原则

（1）主动异常工单由配网抢修指挥人员对各类公用变压器异常、电能质量异常和采集信号异常等预警信息确认后，下发至运维单位。

（2）主动异常工单派发：配网抢修指挥人员发现设备异常信号后，每天 8:00～16:00 适时下派主动异常工单。

二、工单接单及回退原则

（1）运维单位在接到主动异常工单后，在不影响 95598 故障工单和主动抢修工单的前提下，及时完成接单工作。

（2）运维单位对下派的主动异常工单不得进行无故回退，确因责任区域错误的，由配网抢修指挥人员协助处理。

（3）运维单位抢修人员一旦发现移动作业终端故障或无信号而影响接单时，应立即电话汇报配网抢修指挥人员，由其协助工单流程闭环；同时应将书面材料报运维检修部，经运维检修部审核确为故障或无信号后报县调备案。运维检修部应及时协调、组织移动作业终端的修复工作事宜。

三、工单处理和审核

（1）运维单位抢修人员到达现场后，及时反馈到达现场信息。

（2）运维单位抢修人员完成设备勘察后，及时反馈现场勘察信息。

（3）运维单位抢修人员在完成故障抢修工作后，及时反馈抢修处理情况信息。

（4）配网抢修指挥人员在收到运维单位抢修人员填写的现场抢修情况后及时确认抢修结果，当出现工单填写不规范时回退处理，审核通过后及时归档。

四、工单处理原则

（1）主动异常工单派发后，若运维单位无法短期内完成处理，须填写异常工单处理意见单，经专业管理部门审核同意，提交县调备案后，该设备异常在批准的处理期限内将不再下发工单。

（2）若经现场勘察，主动异常工单需其他单位配合的，抢修人员汇报配网抢修指挥人员，由其通知相关单位配合。

五、工单处理时限

（1）主动异常工单原则上当天 8:00～16:00 全部派完。

（2）接单时限：在不影响 95598 故障工单和主动抢修工单的前提下，及时完成接单工作。

（3）处理时限：主动异常工单处理时限要求在 3 个工作日内完成处理工作并回复抢修处理情况。

六、工单考核内容

（1）因处理不到位造成同一设备异常一周内 3 次及以上重复派发工单的。

（2）运行单位异常工单居高不下的，当月异常工单率排名前三的单位。

（3）对设备异常工单 3 个工作日内未完成处理的。

（4）设备异常工单派发率未达到 95%（除重大自然灾害或大面积停电）。

七、主动异常工单处理流程

主动异常工单处理流程如图 5-3 所示。

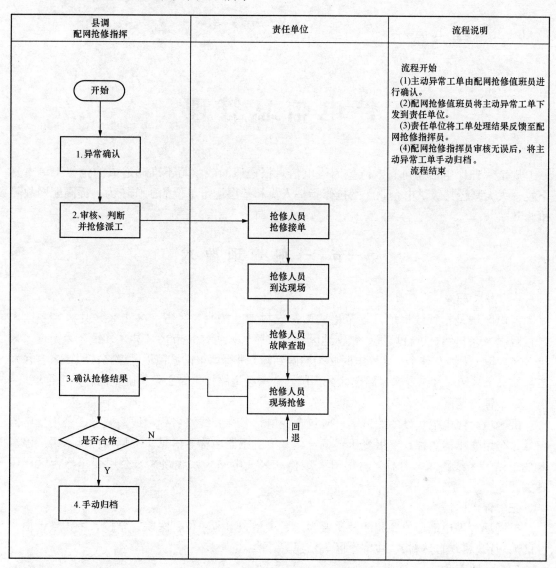

图 5-3 主动异常工单处理流程

第六章

停电信息管理

规范管理停电信息可有效避免因停电信息报送遗漏或填写不准确造成的抢修工单重复下发，大大减轻县级供电企业配网抢修指挥人员和基层运维单位的工作压力，提高配网故障抢修效率。

第一节　一般管理要求

一、格式要求

停电区域是指行政地址，规范格式为：农村地区按照××省××市××县××乡镇××行政村××自然村进行填报；城镇地区小区按照××省××市××县××镇××街道××小区××幢（未涉及整个小区停电时必须精确到幢）进行填报；城镇地区道路按照××省××市××县××镇××街道××路名××门牌（非整条道路停电时必须精确到门牌）进行填报。

二、停电范围

准确填写停电电气设备的范围，应包含变电站名称、线路名称、线路编号、公用变压器编号、公用变压器名称、专用变压器编号、专用变压器名称等信息。应填写标准术语：停××变电站××线路××号杆××号开关或停××变电站××线路××公用变压器台区低压开关。

三、停电区域

准确填写停电地理位置和涉及重要客户、大型企事业单位、医院、学校、乡镇（街道、社区）、行政村（自然村）、住宅小区等信息。

四、线路名称

准确填写电压等级、线路编号及线路名称。

五、变电站名称

准确填写停电线路电源侧的变电站和电压等级。

第二节　计划停电信息管理

一、计划停电信息发布

计划停电信息由运维单位工作人员按周计划至少提前 8 天录入 PMS2.0 系统，专业归口管理部门通过流程进行审核管控，发布到 95598 系统。

二、计划停电信息审核

（1）进入配网抢修管理模块，点击"计划停电发布"，如图 6-1 所示。

图 6-1 计划停电信息审核

（2）勾选待审核计划停电记录，点击"编辑"进入审核，由专业归口管理部门审核停电地理区域和停电设备范围是否符合规定；停电开始时间和停电结束时间是否正确；电压等级是否选择正确；线路名称是否按照设备双重命名填写等，如图 6-2 所示。

图 6-2 核对计划停电信息

三、计划送电信息反馈

进入配网抢修管理模块，点击"计划停电发布"，勾选编辑本单位当日停电计划，填写现场送电时间以及送电状态，点击"保存"后（见图6-3），再点击"送电信息反馈"（见图6-4）。

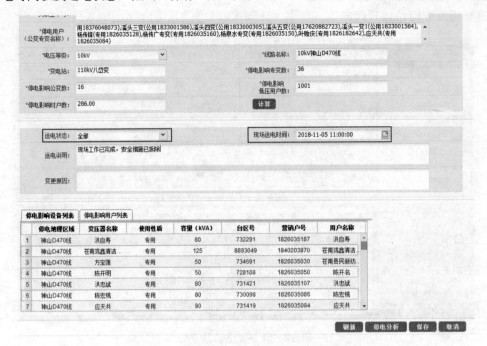

图 6-3 计划送电信息反馈——点击"保存"

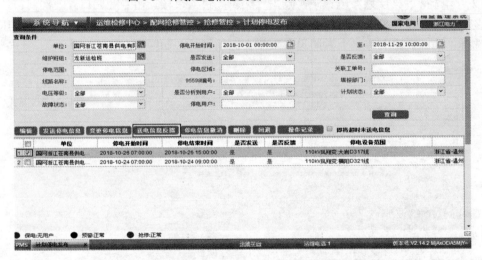

图 6-4 计划送电信息反馈——点击"送电信息反馈"

第三节 故障停电信息管理

一、故障停电信息发布

故障停电信息由运维单位工作人员核实停电范围、停电区域、故障原因和预计修复时间后发布到95598系统；配网抢修指挥人员负责动态核查，并督促及时整改。

（1）工单受理：配网抢修指挥人员接收到95598故障工单后派发到运维单位，或将主动抢修内部发起的抢修工单派发到运维单位。

（2）故障停电信息发布要求：运维单位工作人员在接到 95598 故障工单后，核实现场停电情况后在规定时限内发布故障停电信息；接到内部故障工单后，在规定时限发布故障停电信息。

（3）故障停电信息发布流程。运维单位工作人员的具体操作步骤如下：

1）由"系统导航"进入"配网抢修管理"下的"抢修管控"，点击"故障停电信息"，如图6-5所示。

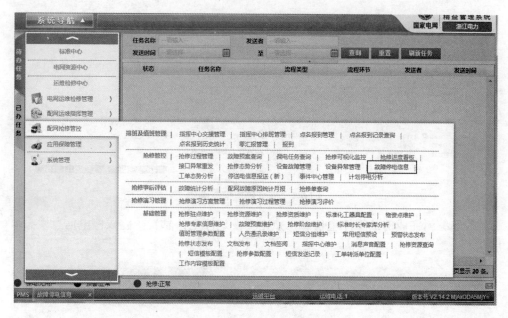

图6-5　进入故障停电信息模块

2）点击"新增""停电分析"，在弹出界面左侧找到相应的变电站名称、10kV线路名称、柱上断路器（或支线名称、配电变压器）等信息，选择后添加到停电设备列表中，再添加到停电区域列表，点击"确认"完成停电分析，如图6-6所示。

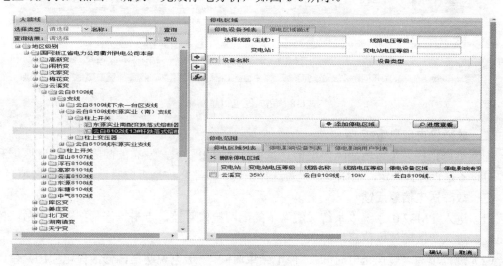

图6-6　完成停电分析

41

3）根据抢修实际情况修改预计结束时间，停电区域、停电原因、登记说明、发布渠道、电压等级等，点击"保存"按钮，完成停电信息编辑，如图 6-7 所示。

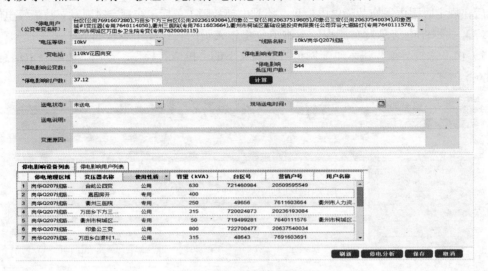

图 6-7　完成停电信息编辑

4）勾选编辑完成的故障停电信息，点击"发送停电信息"，完成停电信息发布，如图 6-8 所示。

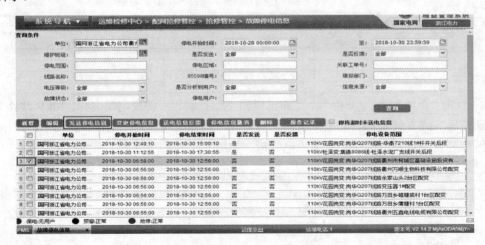

图 6-8　完成停电信息发布

二、故障停电信息审核

配网抢修指挥人员审核故障停电信息是否满足时限要求，发布的故障停电地理区域和故障停电设备是否符合规定，电压等级是否选择正确，线路名称是否按照设备双重命名填写等。

三、故障送电信息反馈

（1）进入 PMS2.0 系统"系统导航"下的配网抢修管控，点击抢修管控下的"故障停电信息"，进入"故障停电信息"界面。

（2）规范填写"现场送电时间""停电结束时间""送电说明"，修改停电原因，修改送电状态，如图 6-9 所示。

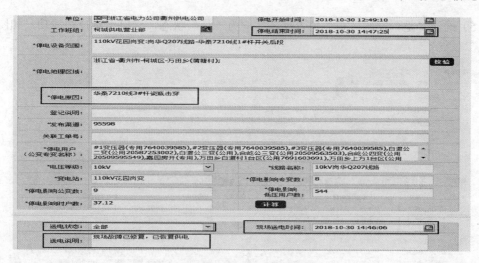

图 6-9 故障送电信息编辑

（3）核对无误后，点击"保存"按钮，如图 6-10 所示。

图 6-10 故障送电信息保存

（4）勾选该条故障停电信息，点击"送电信息反馈"，如图 6-11 所示。

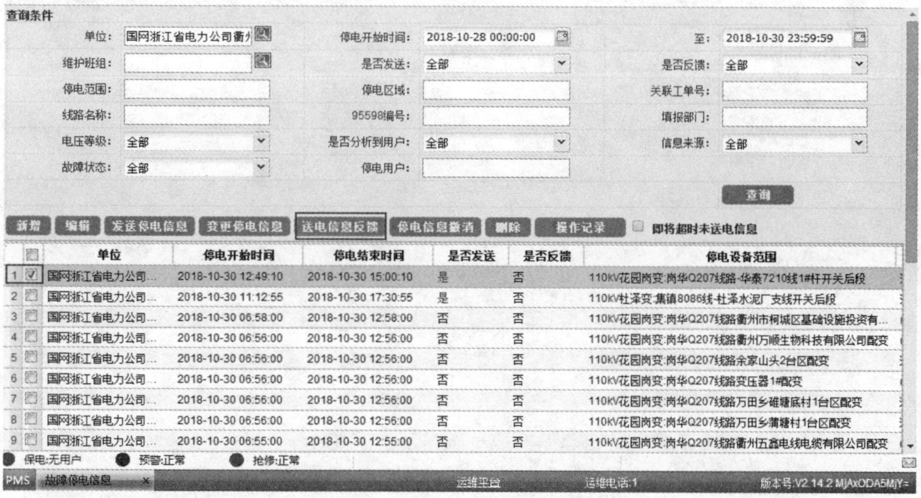

图 6-11 故障送电信息反馈

（5）确认"是否发送"和"是否反馈"均为"是"状态，送电信息反馈成功，如图 6-12 所示。

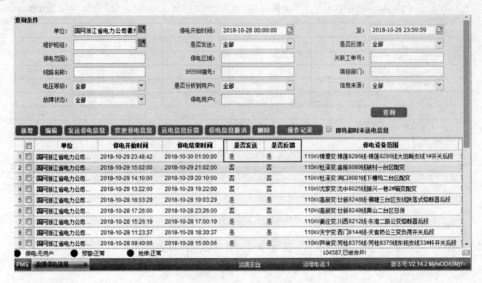

图 6-12　故障送电信息核查

第七章

业务培训管理

第一节 组织机构

随着社会进步和经济发展，电力客户对于供电服务品质需求越来越高，上级对配网抢修业务的规范性和及时性要求也越来越严格。为进一步规范日常配网抢修作业行为，明确配网抢修工作的规范和要求，提高抢修人员的服务意识和服务水平，建立一支技术过硬、服务优质的抢修队伍，县调对配网抢修指挥人员和现场抢修人员开展业务技能培训。

职责分工如下：

（1）县调：负责编制培训方案和培训计划，准备培训材料，收集并上报参培人员名单。

（2）人力资源部：负责培训的实施和管理工作。

（3）各运维单位：负责提出培训需求、上报参培人员名单。

第二节 培训范围

一、配网抢修指挥人员

从事 95598 故障工单、主动抢修工单和主动异常工单接派、审核的人员，以及开展故障研判和抢修指挥的人员。

二、运维单位抢修人员

从事 95598 故障工单和主动工单的接单再派发给抢修人员进行配网设备故障抢修，填写到达现场、故障查勘和抢修现场记录等工作的人员。

第三节 培训内容

（1）上级下发的文件精神、要求和通知等。

（2）县调整理的配网抢修工作相关要求、规范和实施细则。

（3）95598 故障工单受理的用户诉求形式、抢修"三个电话"执行。"三个电话"指的是：

1）第一个电话。接单后第一时间，抢修人员应与报修人联系，告知预计到达时间，平复报修人焦急心理，引导报修人与抢修人员保持联系。

2）第二个电话。抢修人员到达故障现场后，应立即和抢修指挥中心联系，详细描述现场故障情况和故障原因，告知预计修复时间。既让抢修指挥中心掌握现场故障情况和大约修复时间，也可证明抢修人员确实到达现场。

3）第三个电话。抢修人员完成故障抢修后，立即将修复情况反馈给抢修指挥中心。

（4）工单合并操作、故障停电信息发布和送电闭环要求、主动工单处置。

（5）应急处置流程。

第四节 培 训 形 式

一、集中培训和调考

建立年度、季度和月度等系统培训体系。定期开展集中培训和业务知识调考，营造比、学、赶、超的浓厚工作氛围，进一步提高抢修人员的业务技能，提升工单处理质量和用户满意度，同时做好集中培训的抽考工作。

二、现场培训

针对多次出现的问题工单，组织专业人员开展现场培训，分析突出问题，传授操作技巧和应急处置方法，同时对配网抢修工作的规范要求进行宣贯，结合系统进行讲解。

三、远程和网络培训

利用局域网方便、快捷的优势，公布配网抢修工作要求并动态更新，为基层抢修人员提供业务指导，确保每位值班员及时掌握最新要求，减少问题差错，提高工单处理质量。利用公司网络电化教室，对各运维单位技术员开展培训工作。

四、案例手册辅导培训

编制公司抢修工单典型案例手册，从频繁跳闸、行政执法、答复用户诉求、挂钩用电处理等典型案例入手，开展问题梳理和具体分析，备注正确的答复规范，提高抢修值班人员的疑难工单处置能力。制定并下发停电信息发布、送电信息反馈等操作演示流程，手把手地为基层单位提供技术辅导。进一步规范配网抢修作业行为，强化抢修工单的有效管控。

五、问题工单分析会

形成周例会制度，陈述出现问题工单的缘由并提出防范措施，会上各单位之间交流好的工作经验和做法，同时宣贯最新文件要求和规范，努力提升配网抢修水平和供电服务水平。

六、运维单位内部培训

班组长或技术员梳理日常工作中存在的问题，结合配网抢修工作最新要求和规范，定期开展内部培训，以典型促规范，营造比、学、赶、超的学习氛围。

第五节 考 核 评 价

（1）培训考核采取"月考核、月奖励"的形式，考核结果与当月绩效挂钩。

（2）各单位对配网抢修值班人员定期举行技术培训考试，并按培训考试的情况实行动态考核。

（3）各单位要建立配网抢修值班人员的培训档案，每月进行培训绩效的考评工作，并将考评结果记录在个人培训档案中。

第八章

应急保障管理

第一节 组织机构及职责

一、应急组织机构

成立配网抢修指挥业务突发事件处置应急指挥部。

总指挥：×××。

副总指挥：若干人。

成员：县调、运维检修部、运维单位的分管负责人。

二、工作职责

（1）应急指挥部：负责应急事件的全面指挥、协调工作；根据现场反馈的信息做出决策，协调解决现场应急物资、车辆、人员问题，并联系上级部门做好支持系统修复的配合工作。

（2）配网抢修指挥人员：受应急指挥部委托，作为配网抢修业务的指挥者，全面负责公司 95598 故障工单、主动工单业务的指挥处理；负责与应急指挥部联系，及时传达相关指令；负责应急期间与市供电服务指挥中心（配网调控中心）的应急联系，确保抢修工单业务正常开展。

（3）运维单位：落实应急指挥部的决策部署，接到应急指挥部通知后，及时赶到各供电所内启动 24 小时值班；落实备值人员到岗到位，严格执行"三个电话"要求，做好抢修现场的安全管控，确保工单业务畅通、各节点时限满足要求。

第二节 应急处置方案

一、移动作业终端突发状况

1. 各省电力公司服务器故障导致移动作业终端全部无法使用

（1）发生于在岗值班期间。运维检修部核实情况后向分管领导汇报，立即启动应急模式，通知运维单位事先报备的值班人员在下班前到相应单位在岗值班，负责公司各运维单位非在岗值班期间的工单业务处理。每次安排两个运维单位各一名值班人员，直至次日 8:00 各运维单位在岗值班后撤离。备值人员清单由各运维单位提前上报运维检修部和县调配网抢修指挥班备案。

（2）发生于非在岗值班期间。故障发生在 22:00 前，由运维检修部核实情况后向分管领导汇报，立即启动应急模式，通知运维单位事先报备的值班人员在 2h 内到最近运维单位在岗值班，负责公司各运维单位非在岗值班期间的工单业务处理，直至次日 8:00 各运维单位有人值班后撤离。若发生在 22:00 之后，由县调配网抢修指挥班暂代工单处理，次日 8:00 将工单业务处理移交到各运维单位在岗值班人员处理。次日各省电力公司服务器故障仍未解决，运维检修部核实情况后向分管领导汇报，启动应急模式，通知运维单位事先报备的值班人员在下班前到最近运维单位在岗值班，负责公司各运维单位非在岗值班期间的工单业务处理。轮流方式和值班时间同上。

2. 个别运维单位因移动作业终端故障导致工单业务无法处理

（1）发生于在岗值班期间。当移动作业终端因缓存不足、信号不好和黑屏等原因影响抢修业务时，相关运维单位应及时联系运维检修部协调处理，避免因处理不及时产生问题工单；同时自行做好 24h 值班准备，直至移动作业终端问题彻底解决为止。

（2）发生于非在岗值班期间。当移动作业终端因缓存不足、信号不好和黑屏等原因影响抢修业务时，相关运维单位应及时汇报配网抢修指挥人员协助处理工单业务，避免因处理不及时产生问题工单。移动作业终端出现问题的单位在 50%以下时，配网抢修指挥人员暂代工单处理业务；移动作业终端出现问题的单位在 50%及以上时，县调配网抢修指挥人员通知运维检修部，由运维检修部核实情况后通知相关运维单位启动 24h 在岗值班，相关运维单位负责人应安排抢修值班人员在 2h 内到本单位在岗值班。在抢修值班人员到本单位之前，相关工单处理工作由配网抢修指挥班暂代处理。

二、台风、雷雨等恶劣天气

1. 公司配网抢修应急处置方案

当通过气象预报、电视台和新闻媒体等确认有台风、洪水、冰灾等恶劣天气影响时，配网抢修具体应急处置如下：

（1）为确保抢修工单剧增情况下工单的正常流转，各单位应加强值班力量，提高抢修工单处理能力。

（2）各单位负责人应及时做好抢修人员力量安排，抢修物资储备等工作，保障配网抢修工作的有序开展。

（3）其他参照《台风灾害处置应急预案》《防汛应急预案》和《雨雪冰冻灾害处置应急预案》执行。

2. 抢修指挥业务应急处置方案

当通过气象预报、电视台和新闻媒体等确认有台风、洪水、冰灾等恶劣天气影响时，抢修指挥业务由班长统一指挥。配网抢修具体应急处置如下：

（1）安排多人进行抢修工单的处理。其中抢修指挥值班员负责接单派工、催办回复、审核抢修记录，确保抢修工单正常流转。应急抢修指挥员负责核对停电信息发布的规范性；同时负责在 95598 系统查询停电信息编号和停电区域，并报备市供电服务指挥中心（配网调控中心），由市供电服务指挥中心（配网调控中心）告知国网客服中心，由国网客服中心及时发布 IVR 语音信息，有效答复用户报修诉求。

（2）应急抢修指挥员待其业务完成后，若抢修工单较多，则应协助参与工单接派和处理工作。

（3）台风、雷雨等恶劣天气时备班人员手机必须保持畅通，一旦接到应急需求电话，应及时到岗到位。

（4）故障修复完毕后，抢修指挥值班员应及时将该期间的抢修工单情况、特殊事宜、送电信息情况等在运行日志上做好记录。

三、突发多条 10kV 线路停电

1. 配网抢修应急处置方案

当同时（或短时内）发生多条 10kV 线路故障造成多个小区停电或紧急拉闸限电时，具体应急处置如下：

（1）调度值班员按调规等相关规程规定进行处理，并根据工作职责通知故障抢修责任单位负责人和配网抢修指挥人员，然后通知运维检修部相关专职，重大故障由运维检修部汇报分管领导或其他领导。

（2）故障抢修责任单位负责人根据故障情况合理安排人员赶赴现场检查、巡视，提出处理意见，并汇报运维检修部相关专职，重大故障由运维检修部请示分管领导或其他领导，答复责任单位提出的处理意见并告知调度值班员。

（3）调度值班员根据答复的故障处理方案，安排电网运行方式，与故障抢修责任单位当班抢修负责人办理工作许可等手续。

（4）故障消除恢复供电后，调度值班员告知运维检修部相关专职，如是上级值班单位下派的工单，则还需汇报上级值班单位值班人员。

（5）紧急拉闸限电时，相关单位应联合政府部门做好停电通知工作，并及时发布停电信息，有效答复客户报修诉求。

2. 抢修指挥业务应急处置方案

当同时（或短时内）发生多条 10kV 线路故障造成多个小区停电或紧急拉闸限电时，抢修指挥业务由班长统一指挥。具体应急处置如下：

（1）安排多人进行抢修工单的处理。其中抢修指挥值班员负责接单派工、催办回复、审核抢修记录，确保抢修工单正常流转。应急抢修指挥员负责核对停电信息发布的规范性；同时负责在 95598 系统查询停电信息编号和停电区域，并报备市供电服务指挥中心（配网调控中心），由市供电服务指挥中心（配网调控中心）告知国网客服中心，由国网客服中心及时发布 IVR 语音信息，有效答复客户报修诉求。

（2）抢修指挥值班员待其业务完成后，若抢修工单较多，则应协助参与工单接派和处理工作。

（3）在确保工单能及时派发的前提下，应急抢修指挥员及时向部门负责人汇报。

（4）备班人员手机必须保持畅通，一旦接到应急需求电话，应及时到岗到位。

（5）故障修复完毕后，抢修指挥值班员应及时将该期间的抢修工单情况、特殊事宜、送电信息情况等在运行日志上做好记录。

四、系统故障

1. 95598 系统故障

当 95598 系统故障时，由于 PMS 系统信息不能同步到 95598 系统，PMS 系统应停止操作。具体应急处置如下：

（1）电话咨询市供电服务指挥中心（配网调控中心）或咨询其他公司是否存在此情况，判断是局部性系统故障还是全省系统故障。

（2）抢修指挥值班员立即通知应急抢修指挥员进入协助，并及时接听值班电话，确保能

及时接收市供电服务指挥中心（配网调控中心）的电话派单，并对所有机外流转抢修工单的实际处理流程、派工时间、到达现场时间、修复时间、派发单位等信息准确记录在《系统故障登记表》内，便于事后补入工单流程。

（3）应急抢修指挥员协助接听值班电话，若有催办工单，及时通知责任单位，并做好记录。如有大面积停电情况，需及时按规定格式编制文本形式的故障停电信息并直接向上级业务主管部门报备。

（4）业务处理情况较稳定后，应急抢修指挥员应及时向班长和部门负责人汇报系统故障情况。

（5）系统恢复正常后，及时补入流程。对期间产生的接单派工和到达现场超时工单进行统计，及时在两套系统中提交"问题登记"处理，并填写"数据修改单"报班长。

2. PMS 系统故障

遇 PMS 系统故障时，95598 系统中的抢修工单无法正常流转到 PMS 系统，抢修工单的接单派工和到达现场超时会增多，具体应急处置如下：

（1）电话咨询市供电服务指挥中心（配网调控中心）或咨询其他公司是否存在此情况，了解属局部性系统故障还是全省系统故障。

（2）抢修指挥值班员应立即通知应急抢修指挥员进入协助，并及时接听值班电话，确保能及时接收市供电服务指挥中心（配网调控中心）的电话派单，并对所有机外流转抢修工单的实际处理流程、派工时间、到达现场时间、修复时间、派发单位等信息准确记录在《系统故障登记表》内，便于事后补入工单流程。

（3）应急抢修指挥员协助接听值班电话，若有催办工单，及时通知责任单位，并做好记录。如有大面积停电情况，需及时按规定格式编制文本形式的故障停电信息并直接向上级业务主管部门报备。

（4）业务处理情况较稳定后，值班人员及时向班长和部门负责人汇报系统故障情况。

（5）系统恢复正常后，及时完成工单闭环。对期间产生的接单派工和到达现场超时工单进行统计，及时在两套系统中提交"问题登记"处理，并填写"数据修改单"报班长。

3. 95598 系统和 PMS 系统同时故障

95598 系统和 PMS 系统同时发生故障时，所有工单将无法正常流转，此时抢修指挥值班员可参考"95598 系统故障"时的处理流程，对所有机外流转抢修工单的实际处理流程、派工时间、到达现场时间、修复时间、派发单位等信息应准确记录在系统故障登记表内，便于事后补入工单流程。

五、网络、电源异常

1. 电源异常应急处理方案

当值班工作电脑出现电源中断等异常情况时，具体应急处置如下：

（1）正常情况下，配网抢修指挥班的工作电脑有两路电源供电，遇电源中断时，值班电脑可通过 UPS 电源正常运行。

（2）正常情况下，值班备席所有计算机必须保持待机状态。当值班工作电脑电源突然中断，应立即启用值班备席进行工单业务处理。

（3）当设备电源故障引起支撑系统无法正常处理时，抢修指挥值班员应立即联系兄弟公司值班人员。由兄弟公司值班人员登录相应人员账号，并进行接单派发处理。

（4）及时向班长汇报电源故障情况。

（5）在确保工单能及时派发的前提下，向部门负责人汇报。

2. 网络异常应急处理方案

当值班工作电脑出现网络中断等异常情况时，具体应急处置如下：

（1）抢修指挥值班员发现 95598 系统、PMS 系统、OA、RTX 等办公系统均无法登录，立即登录本地网站和各省电力公司相应网站进行核实。

（2）确定网络问题后，抢修指挥值班员立即与互备单位值班人员联系，确认互备单位网络运行是否正常。

互备单位网络运行正常，立即由互备单位值班人员登录相应人员账号，并进行接单派发处理。如互备单位网络运行均异常，且全省均有此情况，此时上级客服中心一般会采用其他方式进行派单，抢修指挥值班员可参照"95598 系统故障"时的处理流程。

（3）抢修指挥值班员联系县公司信通公司，告知异常情况。

（4）抢修指挥值班员联系市供电服务指挥中心（配网调控中心）进行报备。

（5）及时向班长汇报网络异常情况。

（6）在确保工单能及时派发的前提下，向部门负责人汇报。

第九章

典型案例管理

第一节　工单回退主要原因说明

引起工单回退主要原因如下：

（1）客户诉求实际未处理好或未完全处理好，工作人员急于反馈工单，导致回访人员与客户核对信息时发生回退。

（2）用户首次报修的故障已经修复，但是在回访时又发生新的故障，导致用户还是没电，造成回退。

（3）未严格执行"三个电话"要求，故障修复完毕后未与报修本人联系，回访用户时，用户对抢修结果不清楚，造成回退。

（4）工单处理意见填写不规范，未按国网客服中心要求进行填写。

（5）工单处理意见反馈不真实或不完整，导致回访时客户提出异议。

（6）工单处理意见与工单受理内容不相符，未按客户诉求进行处理。

第二节　案　例　分　析

一、频繁跳闸工单案例分析

（一）工单情况描述

2017年3月18日，××镇客户来电反映自2017年1月开始多户频繁跳闸，近两个月发生10次左右，一般发生在下午时间段，影响正常生活，请尽快核实处理。

（二）频繁跳闸分析

随着经济的发展、人口的流动，租房的外来客户随之增多，这部分客户的安全用电意识薄弱，容易造成跳闸情况的频发。同时，表后线路凌乱、退出家用保护器、漏电、电器线路老化等情况都可能引起上级保护器跳闸，即出现多户跳闸的情况，进而影响同一台区总保护器下的其他客户的正常用电。

（三）频繁跳闸建议

对用电情况复杂区域进行全面排查，重点关注保护器运行情况，及时处理保护器跳闸故障；合理安排线路巡视，排除隐患，保证供电可靠性；加强用电相关知识和产权分界的宣传，沟通协调出现的问题。提高客户安全用电意识，指导内部线路的规范化敷设。宣传家用保护器的作用和意义，并督促客户及时安装、补装家用保护器，尽量避免总保跳闸而扩大停电范围的情况。

二、行政执法案例分析

（一）工单情况描述

2017 年 4 月 1 日 12 时 03 分，客户××拨打 95598 进行报修，工单编号：***，报修地址：××市××县××镇××桥××机埠 75-1。报修内容：客户来电反映，家中电能表线被剪断，请工作人员核实处理。

（二）行政执法分析及处理

平台值班人员接单后第一时间联系该区域台区经理××，初步解到该用户因为违法用地被停止供电，值班人员马上将这一情况向所里汇报，供电所主要做以下方面的工作：

（1）了解情况后告知台区经理暂不予复电。

（2）收集配合政府停电的文件材料，将复印件给台区经理××让其赶赴现场向用户解释，并向客户出示××县国土资源局土地违法行为联合执法告知函和××县环境保护局关于对××、××、××三家喷水织机户实施停电的函，明确告知根据相关政策无法对该用户恢复供电。

（3）整理配合政府停电的文件材料，形成对该户实施停电的联合执法情况说明并上报县调配网抢修指挥员。

（4）平台值班人员再次回访客户说明情况。

（5）在得到上级对"联合执法情况说明"认可后，将工单以"未修复"的处理结果予以回复。现场抢修记录做如下填写：4 月 1 日 12 时 38 分，××公司××供电所××营业班××赶赴现场进行故障处理，经查 12 时 03 分工单是由于该用户违法用地，××供电所依据××县国土资源局《土体违法行为联合执法告知函》和××县环境保护局《关于对××、××、××三家喷水织机户实施停电的函》，配合政府对××线××台区下该用户实施停电（联系函中违法主体××在电力部门登记的用电信息为：××）。根据相关政策无法对该用户恢复供电，于 1 日 14 时 35 分告知用户，用户已知。处理人：××。

（三）行政执法建议

对于该类情况的停电，在强制停电前，工作人员应将强制停电原因向客户解释清楚，并将相关文件向客户展示，必要时进行重要事项报备。加强用电相关知识和产权分界的宣传，沟通协调出现的问题。

三、未按客户诉求施工案例分析

（一）工单情况描述

2017 年 3 月 21 日 17 时 12 分，客户××打 95598 进行报修，工单编号：***，报修地址：××市××县××街道××村××号。报修内容：客户来电反映，之前工作人员给客户说过在田地里拉一根电线杆拉线，现在客户发现多根拉线，且之前没有与客户协商过，请核实处理。

（二）未按客户诉求施工分析及处理

抢修人员与客户联系后立刻赶往现场进行核实情况如下：

（1）该客户报修地点为施工队进行线路改造，所说之处电杆的确存在两根拉线，主要是施工队因安全问题，增加拉线一根，未及时跟客户进行联系。

（2）通过和施工设计单位进行对接，对工程重新进行修正，在后续工程中为该客户进行处理，并告知该客户，客户表示认可。

（三）未按客户诉求施工建议

加强现场查勘力度，制定详细的施工计划。加强用电安全相关知识的宣传，当遇到需要与客户沟通协商的问题时，应及时联系并解释清楚。

四、未按客户诉求填写处理意见案例分析

（一）工单情况描述

2017年5月27日22时22分，客户××拨打95598进行报修，工单编号：***，报修地址：××省××市××县××镇××村西湾里。报修内容：客户报修此处一片田地居民全部停电，黄泥潭农业三相线被剪断，请处理。

（二）分析及处理

抢修人员到达现场查看，发现由于黄泥潭农业三相线（客户产权）断线，引起短路接地（客户反映为黄泥潭农业三相线被剪短，实则为三相线被村里剪断）导致××线××支线×号杆××台区公用变压器保护器动作。经过询问了解到，村里自行剪断黄泥潭农业三相线，需要用时，由村里协商解决。抢修人员于27日23时25分将农业三相线熔芯取下后，将黄泥潭台区总保合闸，供电产权范围内已无故障，用户产权设备未帮助修复。由于抢修现场记录中未体现客户反映的黄泥潭农业三相线被剪断问题，导致工单被回退。修正抢修现场记录后审核通过。

第一次被退单回复：5月27日22时41分由××公司××供电所低压班，××赶赴现场进行故障抢修，经查22时22分由于客户内部设备绝缘差原因导致××线××支线×号杆××台区公用变压器停电，引起多户停电，于27日23时25分恢复公用变压器供电并将上述情况告知客户，客户认可，处理人：××。

修改后的工单回复：5月27日22时41分由××公司××供电所低压班，××赶赴现场进行故障抢修，经查22时22分由于客户内部设备绝缘差原因导致××线××支线×号杆××台区公用变压器停电，引起多户停电，客户反映的黄泥潭农业三相线被剪断问题，因该农用线漏电导致公用变压器保护器跳闸，应村民要求村里自行剪断，需要用时，由村里协商解决，于27日23时25分恢复公用变压器供电并将上述情况告知客户，客户认可，处理人：××。

（三）建议

加强抢修值班人员业务培训，规范填写故障类型，正确使用回复模板。抢修现场记录务必完全体现用户诉求。加强用电相关知识和产权分界的宣传，明确抢修分界点。

五、综合线路挂钩用电处理案例分析

（一）工单情况描述

2017年6月12日16时48分，客户××拨打95598进行报修，工单编号：***，报修地址：××省××市××县××镇××村。报修内容：客户表示拆迁地土地被征用，农田地块未征用，但农田配电箱设施已拆掉。农田上方线路有电，但是电线挂的太高，导致无法接通灌溉接线。当地均告知他去申请，但是担心现在灌溉在即，时间不够，要求当地回复告知如何处理此情况，线路改造何时进行，请核实处理。

（二）综合线路挂钩用电分析及处理

抢修人员第一时间联系该区域台区经理××，了解到报修地址处村民在综合线路上挂钩用电，用于农田灌溉。并且客户在拨打95598进行报修前已联系台区经理，让其增加落火点，方便村民农田灌溉用电。台区经理当时答复需要当地村委到供电所办理装表接电手续，安装电能表。但是当地村委一直不办理手续，只告知村民拨打 95598。所里遇到上述情况应做好以下工作：

（1）联系该报修客户并与其沟通，明确告知农田灌溉用电需要村委办理装表接电手续。

（2）积极与当地村委对接，协助处理此类问题。

（3）加强反窃电知识宣传教育，提高客户安全用电常识。

（三）综合线路挂钩用电建议

加强用电相关知识和产权分界的宣传，明确抢修分界点。一般情况下，简单故障应予以帮助修复。较为复杂的故障，在客户不认可的情况下，抢修人员需提供充分证据证明非供电公司责任，附件材料由各级供电服务指挥中心发送给省客服中心，经回访核实后可归档。工单回复模板：6 月 12 日 17 时 31 分由××公司××供电所营业班，××赶赴现场查勘，经查 16 时 48 分客户反映的问题（他们拆迁地土地被征用，农田地块未征用，导致农业的配电箱设施都拆掉。农田是有电，但是电线挂的太高，导致灌溉接线没法连接。当地均告知他去申请，但是担心现在种地灌溉在即，时间不够）是原农业线路因无表用电被拆除，现已联系该村村委明日（13 日）8 时到××供电所办理申请用电相关手续，确保在 13 日 17 时前完成安装表计，满足客户正常农田灌溉，已于 12 日 19 时 50 分将上述情况告之客户，客户表示认可，处理人：××。

六、农排线用电处理案例分析

（一）工单情况描述

2017 年 6 月 18 日 10 时 11 分，客户××拨打 95598 进行报修，工单编号：***，报修地址：××市××县××道路牌××号旁。报修内容：客户来电反映由于高压线问题导致停电，要求及时上门处理。

（二）农排线用电分析及处理

值班人员接单后立即电话联系客户所属网格台区经理××，初步了解到该客户的报修内容属于农排线故障导致无法灌溉农田，不在供电部门维修范围内。但客户情绪非常激动，不认可。随后值班人员将工单及相关情况向所长汇报，供电所做了以下方面的工作：

（1）解情况后并告知台区经理暂不予复电。所长联系村委并告知具体情况，会同村书记和主任到现场进行政策处理。

（2）村委及所长到现场政策处理结束后，值班人员再次回访客户，说明情况并且得到客户的理解。

（3）故障查勘环节填写"客户内部故障"，现场抢修环节以"未修复"的处理结果予以回复。抢修现场记录填写为 6 月 18 日 11 时 05 分由××公司××供电所营业班，××赶赴现场查勘，该客户与供电企业的产权分界点为客户农排线电能表出线处，经查供电企业产权范围内设备及线路无故障，客户报修故障点为客户农排线线路低、高度不够存在隐患（客户来电反映由于高压线问题导致停电，经查为村属资产农排线，该问题已向村委反映），故障点为客户内部故障（该村村委负责）不在供电部门抢修范围内。已向客户解释说明，需客户自行联系村委处理（抢修人员已于 13 时 10 分联系上村委和客户协商解决问题，并告知抢修师傅电话号码××，如有需要可来电），客户认可，处理人：××。

（三）农排线用电建议

加强用电相关知识和产权分界的宣传，明确抢修分界点。农排线问题要积极与村委对接，并要求村里做好日常维护工作，保障农田灌溉用电。加快农排线改造进度，合理布置线路走向，满足农户用电需求。

七、抢修工单需办理代工手续处理案例分析

（一）工单情况描述

2014年6月15日9时36分，客户××拨打95598进行报修，工单编号：＊＊＊，报修地址：××省××市××县××区××耐火材料厂对面。报修内容：街面改造施工队来电，表示现正在施工可能会碰到进线，需要查看配合是否可以移动。

（二）抢修工单办理代工手续分析及处理

抢修人员第一时间联系该区域台区经理××，了解到该村委会外立面改造，涉及大面积低压接户线及表箱移位，因工程量比较大，需客户办理相关代工手续方可搬迁，抢修人员已向客户解释说明，客户知晓。另外，从受理内容来看，此类工单应下发咨询工单，下发抢修工单增加供电所的处理难度。所里遇到上述问题需做好如下工作：

（1）联系报修客户并与其沟通解释，告知办理代工手续流程。

（2）第一时间赶赴现场查勘有无安全隐患，若无安全隐患则督促需代工客户尽快办理手续，做好搬迁；若有安全隐患则做好安全防护措施，与代工客户沟通协调并立即处理。

（3）全过程跟踪工单处理进程直至工单闭环。

（三）抢修工单回单建议

工单回复模板：

（1）有隐患：

＊＊年＊＊月＊＊日＊＊点＊＊分由××公司××供电所＊＊班，××赶赴现场查勘，经查＊＊时＊＊分客户反映街面改造施工，要求将涉及的线路和客户表计搬迁。但因涉及客户工程，需要客户办理代工手续后，方可搬迁，目前已采取＊＊措施临时解决客户问题。已于＊＊月＊＊日＊＊时＊＊分将处理结果当面告知客户，客户表示认可，处理人：××。

（2）无隐患：＊＊年＊＊月＊＊日＊＊时＊＊分由××公司××供电所＊＊班，××赶赴现场查勘，经查＊＊时＊＊分客户反映街面改造施工，要求将涉及的线路和客户表计搬迁。但因涉及客户工程，需要客户办理代工手续后，方可搬迁，现场无安全隐患，已通知代工客户尽快办理手续进行搬迁。已于＊＊月＊＊日＊＊点＊＊分将处理结果当面告知客户，客户表示认可，处理人：××。

八、用户产权设备处理案例分析

（一）工单情况描述

2014年3月15日12时52分，客户××拨打95598进行报修，工单编号：＊＊＊，报修地址：××市××县××村××号。报修内容：客户来电反映农用电线断，请核实处理。

（二）客户产权设备分析及处理

抢修人员第一时间联系该区域台区经理××，了解该农用电线拉断原因，且该客户在拨打报修电话之前已联系过台区经理，并在现场核实过，客户清楚该线路为村产权资产需自行处理，但其坚持要求供电部门给予解决，故拨打95598进行报修。所里做以下方面的工作：

（1）联系该客户与其沟通，再次告知其农用电线路产权归属问题和修理维护责任划分。

（2）报着优质服务的态度，安排附近其他一处进行抢修的人员在完成抢修后帮其进行处理。

（三）客户产权设备建议

加强用电相关知识和产权分界的宣传，明确抢修分界点。一般情况下，简单故障应予以帮助修复。较为复杂故障，在客户不认可的情况下，抢修人员需提供充分证据证明非供电公司责任，附件材料由各供电服务指挥中心发送省客服中心，经回访核实后可归档。部分客户产权的用电设备，因缺少管理维护力量，在无法解决问题时经常要求电力部门进行处理，部分态度极端者会以投诉进行要挟，造成供电服务工作上存在隐患。

九、故障已修复，但回访客户反映故障未排除案例分析

（一）工单情况描述

2017年3月4日12时44分，××公司县调配网抢修指挥班将***抢修工单派发给××供电所，××供电所抢修值班人员××接单后，根据抢修任务进行派工；台区责任人××、××两人立刻联系客户，于13时00分到达抢修现场。经查客户反映无电情况是由于村民挖经济作物（香樟树），树碰0.4kV寺基茶厂台区1号线致相间短路，A相熔芯熔断停电故障引起，工作人员于4日13时40分经现场检查更换A相熔芯抢修完毕，现场恢复供电，客户认可；并对周边挖树村民安全防范措施告知，工作人员返回供电所，所配网抢修指挥人员4日13时49分进行工单终结并回复；14时23分，省供95598进行客户抢修回访，客户称家中还是没电，造成退单。

（二）回访客户故障未排除分析及处理

经查，在第一次故障抢修完成后和省供回访期间，村民运输经济树木，树枝将0.4kV寺基茶厂台区1号线4号杆-4Y-1号杆A相线拉断形成第二次故障，造成客户第二次停电，工作人员接到回退工单后，立即赶到断线点进行处理，于16时32分抢修完成后，进行回复。供电管辖区域内种有大面积经济作物，树木多高大，现正值（买卖）种植旺季，较多导线从经济树林穿过，易发生断线及熔断熔芯等故障情况。

（三）建议

（1）加强电力设施宣传和周边区域树线监控。对部分台区、线路进行整治，缓解树线矛盾，提高设备运行质量。

（2）故障修复后，抢修人员与报修客户联系，告知"故障已修复"。

十、客户与处理反馈信息不对应回退案例分析

（一）工单情况描述

2017年12月23日10时37分，客户××来电反映××处有一变压器是供电部门装的，目前有一个高压电路熔丝风化，不能用，要求更换。11时17分抢修人员到达现场，经检查发现为客户的表箱脱落，即电话联系报修人，告知因抢修人员从其他地方赶来，没有备用表箱，且不影响正常用电，其他地方有停电客户急需抢修，明天再来给报修人调换破损表箱。11时40分将抢修值班系统流程结束。15时53分省供电公司回访：客户与处理反馈信息不对应（回访回退）；回访时，客户表示没有工作人员上门维修。抢修现场记录未将实际情况描述清楚，直接填写抢修完毕，造成退单。

（二）反馈信息不对应分析及处理

涉及表箱破损影响供电的，应立即调换表箱。12月23日11时17分由××公司××供电所低压班××赶赴现场进行故障抢修，经查10时28分发现是客户表箱脱落，于23日11时40分更换表箱后恢复供电，客户认可，处理人：××。

（三）反馈信息不对应建议

加强用电安全相关知识的宣传，当遇到需要与客户沟通协调的问题时，应及时联系并解释清楚；严格执行"三个电话"制度；应加强对抢修现场记录填写规范性的培训。

十一、工单抢修现场意见填写不规范案例分析

（一）填写不规范情况描述

2017年2月23日18时22分，××公司配网抢修指挥班将***抢修工单派发给××供电所，××供电所抢修值班人员××接单后立即派工抢修人员××，抢修人员××等两人立刻联系客户，19时27分到达现场，经不间断抢修于21时05分抢修完成恢复供电。供电所抢修值班人员填写抢修记录并反馈，填写抢修记录时，由于移动作业终端操作不方便，值班人员误将抢修现场记录填写在超时原因栏中，而抢修现场记录填写栏中空白未填写，于21时13分用移动作业终端操作本流程并上传。移动作业终端也未进行空白栏提醒，导致抢修现场记录为空白。

分析及处理：由于人员责任心不强，未认真核对抢修现场记录填写位置，现场记录填写栏中空白未填写，导致退单。

建议：（1）加强对抢修现场记录填写规范性的培训，加强配网抢修值班人员工作责任心教育。

（2）回单前进行二次审核，提高工单一次通过率。

（二）未注明故障设备情况描述

工单***：2月19日16时40分，××公司××供电所低压班××到达现场进行故障抢修，经查16时06分××村台区由于剩余电流动作保护装置接触不良导致当地多户停电，于17时15分抢修完成，客户已认可，处理人：××。

回退后的反馈内容：2月19日16时40分，××公司××供电所××到达现场抢修，查16时06分工单由于低压剩余电流动作保护器接触不良导致10kV××线××支线，××支线，庄里村台区总保跳闸，于18时19分抢修完成，恢复送电，客户已认可，抢修人：××。

备注：未注明"线路名称、杆号"等信息。

（三）时间填写错误情况描述

工单***：2月16日14时49分，由××公司××供电所维运班××，赶赴现场进行故障抢修。经查14时17分，由于低压线路故障原因导致110kV××变电站××线27+1－1号杆0000600863竹园村机埠公用变压器1号线停电，于16日16时21分抢修完毕，恢复供电。客户认可，处理人：××。

回退后的反馈内容：2月16日14时24分，由××公司××供电所维运班××，赶赴现场进行故障抢修。经查13时19分，由于低压线路故障原因导致110kV××变电站××线271-1号杆0000600863竹园村机埠公用变压器1号线停电，于16日16时13分抢修完毕，恢复供电。客户认可，处理人：××。

备注：抢修现场记录内的三个时间填写错误，分别为到达现场时间、故障发生时间（早于工单受理时间）、抢修修复时间。

（四）时间表述错误情况描述

工单***：4月18日18时29分，由××公司××供电所低压班××赶赴现场抢修，经查17时35分工单由于客户内部故障导致10kV××线1号杆麦塔台区总保跳闸，于18日7

时 35 分抢修结束恢复送电，客户已认可，抢修人：××。

回退后的反馈内容：4 月 18 日 18 时 29 分，由××公司××供电所低压班××赶赴现场抢修，经查 17 时 35 分工单由于客户内部故障导致 10kV××线 1 号杆至 2 号杆间麦塔变压器总保跳闸，于 19 时 35 分抢修结束恢复送电，客户已认可，抢修人：××。

备注：抢修现场记录内的抢修修复时间未按 24h 制填写。

（五）模板错误情况描述

工单***：2 月 16 日 8 时 43 分，××公司××供电所维运班抢修人员××赶赴现场进行故障抢修，经查 8 时 15 分因客户家保原因造成内部故障导致停电。故障点属客户产权供电企业产权范围内设备设施及线路已检查无故障，需客户自行处理，客户认可，处理人：××。

回退后的反馈内容：2 月 16 日 8 时 43 分，由××公司××供电所维运班××赶赴现场查勘，该客户与供电企业的产权分界点为电能表出线处，经查供电企业产权范围内设备及线路无故障，客户报修故障点为空气开关以下，故障点为客户内部故障，不在供电部门抢修范围内。需客户自行处理，客户认可，处理人：××。

备注：未严格按照省客户中心下发的《工单回复模板汇总表 0401》进行填写。

十二、故障停电信息发布典型案例分析

（一）直接下发线路名称的工单情况描述

95598 值班座席下发抢修工单，故障地址为：××省××市××县××线。

处理：95598 值班座席下发工单故障地址不规范，未按标准格式填写，为避免被考核，抢修人员在录入故障停电信息时，停电区域可以填写现场的实际地址：××省××市××县××乡××村××自然村一带。

（二）涉及台区的工单情况描述

95598 值班座席下发抢修工单，故障地址为：××市××县××镇××村××台区。

处理：95598 值班座席下发工单故障地址不规范，未按标准格式填写，为避免被考核，抢修人员在录入故障停电信息时，停电区域可以填写为：××省××市××县××镇××村××自然村一带。

第三节　配网抢修工作的相关要求和规范

一、抢修现场记录填写

重要提醒：①如工单中客户有两个号码，系统内显示为"联系电话"以及"联系电话 2"，请统一使用"联系电话"的内容；②【】内容必须填写；③客户诉求一定要体现；④无法对应现有工单模板的按六要素（处理时间、处理经过、处理依据、处理方案、客户意见和处理人）填写，正面逐条回答客户诉求即可。

（1）国网客服中心回复版本（一般情况下的单户停电、多户停电）：

【单户停电】由××供电公司××供电所××班，××（人员姓名）赶赴现场进行故障抢修，经查此户是××故障，于××日××点××分抢修完毕，恢复供电。客户表示认可。处理人：××。

【多户停电】由××供电公司××供电所××班，××（人员姓名）赶赴现场进行故障抢修，经查××点××分由于××原因导致××干线××线路××号杆××公用变压器停电

（冒火、线路接地等），造成××栋楼（或××小区、××片区、几条街道或几个村）没电，于××日××点××分抢修完毕，恢复供电。客户表示认可。处理人：×××。

　　备注：①"经查××时××分由于××原因"应填写故障发生时间，逻辑上需早于客户报修；②影响的范围中应至少包含报修地址，未包含报修地址将做退单处理；③标红色的××故障：可填写为"熔丝爆熔""开关跳闸"等故障现象；但模板只适用于受理内容为单户或一户停电，且现场实际也是单户或一户停电的情况。

　　（2）国网客服中心回复版本（受理内容与现场情况不一致、受理内容"多户停电"，现场实际"单户停电"）：

　　【单户停电】下发为××，经现场查勘实际为××。由××供电公司××供电所××班，××（人员姓名）赶赴现场进行故障抢修，经查此户是××故障，于××日××点××分抢修完毕，恢复供电。客户表示认可。处理人：×××。

　　（3）国网客服中心回复版本（受理时的故障地址过于模糊、多户停电）：

　　【多户停电】由××供电公司××供电所××班，××（人员姓名）赶赴现场进行故障抢修，经查××点××分由于××原因导致××干线××线路××号杆××公用变压器停电（冒火、线路接地等），国网客服中心派发地址不全，故障实际造成××栋楼（或××小区、××片区、几条街道或几个村）没电，于××日××点××分抢修完毕，恢复供电。客户表示认可。处理人：×××。

　　（4）国网客服中心回复版本（抢修完毕但无法联系上客户、手机用户）：

　　【单户停电】【无法联系到客户】由××供电公司××供电所××班××（人员姓名）赶赴现场进行故障抢修，经查此户是××故障，于××日××点××分抢修完毕，恢复供电。由于客户联系电话关机/停机/无人接听，导致无法联系，已短信告知处理结果，处理人：××。

　　【多户停电】【无法联系到客户】由××供电公司××供电所××班××（人员姓名）赶赴现场进行故障抢修，经查××点××分由于××原因导致××干线××线路××号杆××公用变压器停电（冒火、线路接地等），造成××栋楼（或××小区、××片区、几条街道或几个村）没电，于××日××点××分抢修完毕，恢复供电。由于客户联系电话关机/停机/无人接听，导致无法联系，已短信告知处理结果，处理人：××。

　　（5）国网客服中心回复版本（抢修完毕但无法联系上客户、固话用户）：

　　【单户停电】【无法联系到客户】由××供电公司××供电所××班××（人员姓名）赶赴现场进行故障抢修，经查此户是××故障，于××日××点××分抢修完毕，恢复供电。由于客户联系电话无人接听，导致无法联系，联系信息仅固定电话，无法发送短信。处理人：×××。

　　【多户停电】【无法联系到客户】由××供电公司××供电所××班××（人员姓名）赶赴现场进行故障抢修，经查××点××分由于××原因导致××干线××线路××号杆××公用变压器停电（冒火、线路接地等），造成××栋楼（或××小区、××片区、几条街道或几个村）没电，于××日××点××分抢修完毕，恢复供电。由于客户联系电话无人接听，导致无法联系，联系信息仅固定电话，无法发送短信。处理人：×××。

　　（6）国网客服中心回复版本（非供电企业产权、未修复）：

　　【非供电产权】由××供电公司××供电所××班××（人员姓名）赶赴现场进行故障

抢修，经查此户的故障点在××处，故障现象是××，非供电企业抢修范围，属××产权，于××日××点××分跟客户解释。客户表示认可。处理人：×××。

备注：若帮助修复的可以填写，由××供电公司××供电所××班××（人员姓名）赶赴现场进行故障抢修，经查此户的故障点在××处，故障现象是××，非供电企业抢修范围，属××产权，于××日××点××分帮助客户修复，恢复供电。客户表示认可。处理人：×××。

（7）国网客服中心回复版本（非供电企业产权、客户已自行修复）：

【非供电产权】由××供电公司××供电所××班××（人员姓名）与××报修客户联系时，客户告知已修复并有电。处理人已告知客户如有其他问题，可联系抢修人员××（联系手机：××）。客户表示认可。处理人：×××。

（8）国网客服中心回复版本（受理内容中出现"电能质量"、现场查看属于客户内部原因）：

【非供电产权】下发为××，经现场查勘实际为××。由××供电公司××供电所××班××（人员姓名）赶赴现场进行故障抢修，经查此户的故障点在××处，故障现象是××，非供电企业抢修范围，属××产权，于××日××点××分跟客户解释。客户表示认可。处理人：×××。

备注：对反映问题说明清楚。

（9）国网客服中心回复版本（受理内容中出现"电能质量"、现场查看属于供电产权的）：

【紧急非停电】××月××日××时，由××供电公司××供电所××班××（人员姓名）赶赴现场抢修，经查××点××分由于××原因导致××故障（故障现象），于××日××点××分处理完毕，恢复正常。已于××月××日将处理结果告知客户（联系电话），客户表示认可。处理人：××。

备注：对反映问题说明清楚。

（10）国网客服中心回复版本（非国家电网供电区域）：

【非国网供电区域】由××供电公司××供电所××班，××（人员姓名）赶赴现场查勘，该客户非国家电网供电，属自供区（电厂趸售），详见知识库。客户报修故障不在供电部门抢修范围内，于××日××点××分跟客户解释，客户表示认可。处理人：×××。

备注：非国家电网供电区域以知识库为准，需说明该工单地址属于知识库报备范围内。

（11）国网客服中心回复版本（找不到故障地址且无法联系上客户、不区分单户多户）：

【地址不详】由××供电公司××供电所××班××（人员姓名）赶赴现场进行故障抢修，××点××分到达客户反映的地址，没有发现停电情况，××点××分起使用××电话联系客户（联系电话），始终无法与客户取得联系（说明客户电话是关机还是无法接通）。处理人：×××。

备注：①填写的无法取得联系的号码为工单内的联系电话。②应至少尝试联系客户三次，每次间隔 5min，三次联系不上方可回单。

（12）国网客服中心回复版本（已发布"停电信息"、下派工单地址在信息范围内）：

【已发停电信息】客户报修为计划停电，已发布停电信息，编号是××××，计划结束时间为××：××，已跟客户解释（联系电话），客户表示认可。处理人：×××。

备注：①下发故障地址与计划停电信息内地址完全一致，可按照以下模板立即回单。如报修地址与计划停电信息内地址不一致，必须待客户恢复供电后方可回复工单。市、县必须与客户解释。②编号为 95598 系统停电信息编号，需询问配网抢修指挥值班员。

（13）国网客服中心回复版本（已发布"停电信息"、下派工单地址不在信息范围内）：

【计划停电】由××供电公司××供电所××班，××（人员姓名）赶赴现场进行查看，经查该地址名称有误，正确应为×××，在停电信息编号×××的计划停电范围内。该计划停电已于××日××点××分工作完毕，恢复供电，客户表示认可。处理人：×××。

备注：①对于客服中心派发的地址无法匹配停电信息，但经现场确认确属计划停电范围内的，需在计划停电结束后回单，此类工单统一使用此模板；②编号为 95598 系统停电信息编号，需询问配网抢修指挥值班员。

（14）国网客服中心回复版本（计量装置故障、不区分单户多户）：

【计量装置】由××供电公司××供电所××班××（人员姓名）赶赴现场进行故障抢修，经查此处是××故障，造成单户（或××栋楼××小区、××片区、几条街道或几个村）没电，已于××日××点××分为客户恢复送电并做好解释，内部已发起计量故障流程，客户表示认可。处理人：×××。

（15）国网客服中心回复版本［欠费停电（现场确定）］：

【欠费停电】××日××时，由××供电公司××供电所××班××（人员姓名）调查，该客户由于××月电费欠费未缴清，供电公司对该客户执行欠费停电流程。已告知客户尽快缴清电费，客户表示认可。处理人：×××。

备注：客户不认可的情况下，国网客服中心回访话务员将在系统中核实是否确实存在欠费，确有欠费且停电时限符合要求将归档工单。如系统显示无欠费，将回退工单。

（16）国网客服中心回复版本（存在安全隐患的非停电故障、需约时）：

【紧急非停电】【约时处理】××月××日××时，由××供电公司××供电所××班××（人员姓名）赶赴现场抢修，经查××点××分由于××原因导致××（有故障则填写故障现象，无故障则填写现场情况），但因××原因，该问题不能彻底解决。目前已采取××措施，临时解决客户问题，现场无安全隐患，预计××月××日彻底处理完成。已于××月××日将处理结果告知客户（联系电话），客户表示认可。处理人：×××。

备注：①非停电但存在安全隐患的工单，如窨井盖破损、丢失等，供电公司无法短时内彻底解决的，应消除安全隐患后，与客户约好处理时间，做约时处理；②约时处理时间无最短时长要求；③回访人员将安排在预计处理时间后再次回访客户，若客户表示未处理好，将做退单处理，故工单中的约定时间请务必准确。此类工单各单位可将现场措施情况拍照留证。

（17）国网客服中心回复版本（配合政府执行停电）：

【配合政府停电】××月××日，由××供电公司××供电所××班××（人员姓名）赶赴现场查勘，客户反映情况确实存在。该停电由政府"三改一拆"工作引起。根据××人民政府××文件要求，××地区正在由政府组织拆迁（改造等）工作，该客户户号为××× ×××，客户反映的故障无法处理，客户反映的故障无法处理，相关证据详见营销系统，同时以附件形式报备国网客服中心。客户表示认可。处理人：×××。

备注：①拆迁依据需为县级及以上政府文件，相关证据提前录入营销系统；②营销系统录入路径为：用电检查管理—运行管理—停电申请—客户停电申请。停电原因需填写停电具体是配合政府何种工作要求。

（18）国网客服中心回复版本（特殊事件、人身伤亡、非供电公司责任）：

【人身伤亡】【非供电责任】×月×日，经现场核实，事故发生地点在××（城网或农网管辖范围内），由于××（盗窃供电设施、私拉乱接、客户资产设备漏电、擅自在电力保护区内垂钓、放风筝等）原因，导致客户××（受伤、死亡），属于客户自身责任造成。现该事件处理结果为××。客户表示认可。处理人：×××。

（19）国网客服中心回复版本（特殊事件、人身伤亡、供电公司责任）：

【人身伤亡】【供电责任】×月×日，经现场核实，事故发生地点在××（城网或农网管辖范围内），由于××（导线锈蚀老化、供电公司资产设备漏电、电力窨井盖损坏等）原因，导致客户××（受伤、死亡），属于供电公司责任造成。现该事件处理结果为××。客户表示认可。处理人：×××。

（20）国网客服中心回复版本（特殊事件、人身伤亡、不可抗力）：

【人身伤亡】【不可抗力】×月×日，经现场核实，事故发生地点在××（城网或农网管辖范围内），由于××（自然灾害、外力破坏、交通意外等）原因，导致客户××（受伤、死亡），属于不可抗力造成。现该事件的处理结果为××。客户表示认可。处理人：×××。

（21）国网客服中心回复版本（路灯）：

××月××日，由××供电公司××供电所××班××（人员姓名）赶赴现场进行故障抢修，经查故障现象为××，该处路灯非供电企业抢修范围，属××产权，于××日××点××分跟客户解释。客户表示认可。处理人：×××。

二、催办工单

（一）回复模板

××月××日，催办工单编号××，对应主工单编号××，该催办信息已告知××公司××供电所××班××（人员姓名），要求工作人员与客户取得联系并尽快处理客户诉求。

（二）统计口径

国网客服中心下发的催办工单全部列入绩效考核；省95598下发的故障催办工单参照原规则执行，即到达现场后同一电话同一联系人的催办工单列入竞赛考核。

三、退单问题

（一）送电后再次停电

故障工单回访时若客户表示"之前修好，但现在故障再次发生"，如故障再次发生的时间在处理完成24h之内（即回访时限内），则做退单处理。如超过24h则做新工单下发。

（二）理清产权分界点

反馈意见中表示故障为客户内部故障不予修理，但客户强烈要求维修的工单，若反馈意见中将现场的情况，如将产权分界点、客户故障点、经查供电企业产权范围内设备及线路无问题等情况描述清楚，则不进行退单；否则将做退单处理。

（三）约时处理问题

（1）客户为停电状态的故障工单，需处理完成后再反馈工单，不能进行约时处理。否则将做退单处理。

（2）客户为非停电状态的故障工单和非故障类工单，例如窨井盖缺失、围栏破损、低电压及路灯问题等，可约时处理。但处理意见内应写明临时处置方案和确切的约时处理时间。

否则将做退单处理。

重要提醒：如窨井盖破损、丢失等，供电公司无法在短时间内彻底处理完成的，应消除安全隐患后，与客户约好处理时间，做约时处理。需注意，回访人员将安排在预计处理时间后再次回访客户，若客户表示未处理好，将做退单处理。故工单中的约定时间请务必准确。此类工单各单位可将现场措施情况拍照留证，附件材料由各供电服务指挥中心发送省客服中心，经回访核实后可归档。

四、主动工单

（1）处理原则。内部工单分为故障类工单和异常类工单，工单的处理单位应遵循"先外后内、先故障后异常"原则。

（2）运维单位抢修值班人员在接到主动故障工单后，应在规定时限内完成接单，并在规定时限内编制故障停电信息发布至 95598 系统；运维单位抢修值班人员在接到主动异常工单后，在不影响 95598 工单和主动抢修工单的前提下，及时完成接单工作。

（3）到达现场时限。内部故障工单从下派开始，到抢修人员到达现场时间为止，城市要求 45min，农村要求 90min，特殊边远地区要求 2h 以内，考核时限时以工单受理时的"城乡类别"为准。

（4）处理时限。内部故障工单处理时限参照 95598 工单低压 4h、10kV 架空线路 8h、重大故障和电缆故障抢修不间断的要求执行；内部异常工单处理时限要求在 3 个工作日内完成抢修工作并回复抢修处理情况。

五、95598 工单故障停电信息的报送

（一）停电信息发布职责界面

运行单位需在电网故障发生后规定时间内通过 PMS2.0 系统发布故障停电信息。

（二）故障停电信息发布原则

接收 95598 故障工单后，除受理内容中出现"单户停电"或"未停电"字样外，均需在规定时限内发布故障停电信息。

（三）故障停电信息修改注意事项

故障停电信息编辑并发布成功后，若发现停电地理区域填写不规范、预计送电时间有变更时，应及时通过 PMS2.0 系统修改并同步到 95598 系统。

（四）故障停电信息管理

（1）故障停电信息一旦点击"发送停电信息"按钮，禁止进行"删除"操作，否则将无法完成送电信息反馈，造成 95598 系统中该停电信息的不完整。

（2）当无法拓扑录入故障停电信息时，必须对当前界面进行截图，并附详细情况后，通过 OA 反馈。

（五）送电信息闭环管理

故障停电信息在抢修结束后，务必 10min 内完成送电信息反馈。

六、移动作业终端问题

各供电所或配电运检中心抢修人员一旦发现移动作业终端故障或无信号而影响接单时，应立即电话汇报配网抢修指挥人员，由其协助工单流程闭环；同时应将书面材料报运维检修部，经运维检修部审核确为故障或无信号后报县调备案，运维检修部应协调组织对移动作业终端进行及时修复。

七、故障类型选择

抢修人员到现场确认故障类型后，电话汇报所里抢修值班人员再由其正确完成"故障查勘"环节。

八、系统故障信息反馈

处于考核时间内的工单，如因系统故障导致无法填写到达现场时间或无法接单时，超出考核时限 5min 后再发送说明，省供将不被认可，各单位遇到上述问题时，务必在 3min 内将相关问题的说明和截屏通过 OA 反馈至县调配网抢修指挥人员。

附录一　配网抢修指挥平台

一、概述

配网抢修指挥平台是国网公司设备（资产）运维精益管理系统（PMS）的一个模块，其把数据从各个系统调取过来，通过把各系统数据信息集成，并在营配贯通基础上加入一些分析计算和逻辑判断而成，为配网抢修指挥业务提供技术支持。

二、系统示意图

配网抢修指挥平台系统示意图如附图 1-1 所示。

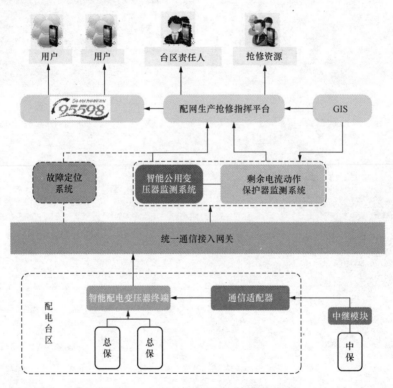

附图 1-1　配网抢修指挥平台系统示意图

三、信息推送示意图

信息推送示意图如附图 1-2 所示。

附图 1-2 中：

（1）在线路配电变压器低压侧总线上装一个终端（智能公用变压器终端），同时在配电变压器低压侧每条出线（380V）各装一个带漏电检测功能的总开关（智能总保）。该终端一方面把公用变压器遥测信息通过 GPRS 无线传输方式推送至用电采集系统，用电采集系统通过内网直接送至公用变压器终端监测系统进行分析；另一方面将总保、中保遥测信息推送至智能总保监测系统（后续整合至四区主站系统）进行分析（因为装设公用变压器终端需向营销系统申请，所以要通过用电采集系统转送，而装设总保无需申请）。

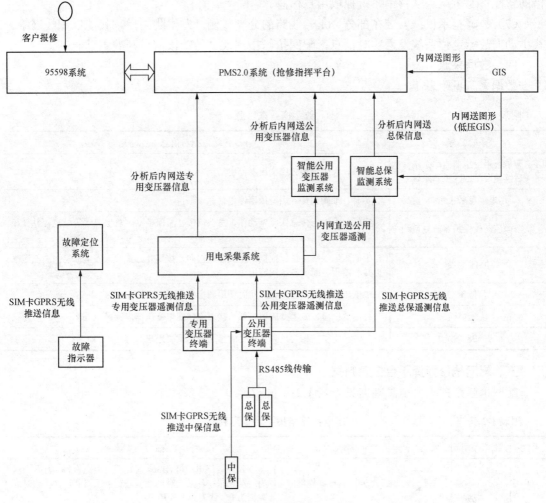

附图1-2 信息推送示意图

（2）智能公用变压器监测系统（后续整合至四区主站系统）和智能总保监测系统（后续整合至四区主站系统）收到信息后，通过分析判断，将信息推送至配网抢修指挥平台。

（3）专用变压器终端通过 GPRS 无线传输方式推送专用变压器遥测信息，在用电采集系统分析后，直接将专用变压器停电信息推送至抢修指挥平台。

（4）智能中保：在低压线路（380V）的中间安装带有漏电检测功能的分段开关，也是通过无线网络方式向公用变压器终端发遥测信息，然后由公用变压器终端转送至智能总保监测系统（后续整合至四区主站系统）进行分析。其作用是防止低压线路后段故障引起总保跳闸。

（5）设备（资产）运维精益管理系统（GIS 系统）向配网抢修指挥平台推送地理信息。成图软件从设备（资产）运维精益管理系统抓取图模信息，经过成图处理后推送至 PMS 系统。配网抢修指挥平台再从 PMS 系统调用图形，用于故障地理定位、故障构面生成等应用。同时 PMS 系统在配网专题图中实现分支线图形电子化和图形异动管理。另外将 GIS 推送至智能总保系统，用于分析总保跳闸涉及停电的低压用户。

（6）配网基础类信息在 PMS 系统中维护，配网抢修指挥平台能直接调用此类数据，并借助营配贯通桥梁，从营销系统抓取用户信息。

（7）故障指示仪：安装在部分 10kV 线路的分支线侧。发生跳闸后，其能以无线网络方式主动向故障定位系统发送实时信息，配网抢修指挥人员借助该信息开展主动研判。

四、数据来源

数据来源见附表 1-1。

附表 1-1　　　　　　　　　　　数 据 来 源

系统名称	传送数据与信息
智能公用变压器监测系统（后续整合至四区主站系统）	实时、准确上传公用变压器停电信息
用电信息采集系统	实时、准确上传专用变压器停电信息
剩余电流动作保护器监测系统	实时、准确上传总保频繁动作、总保闭锁、总保拒动、总保退运等信息，并分相实时采集剩余电流值
PMS 系统	中低压配网线路拓扑数据；生成停电构面，按拓扑方式录入停电信息；中低压维护异动流程、配调专题图应用
中、低压 GIS	中低压拓扑关联全录入；实时调用图形数据
营配贯通	公用变压器、专用变压器、低压接入点、配电变压器表计对应关系
95598 系统	实时调用用户相关信息（包括敏感用户、重要用户）

五、配网抢修指挥平台信息判据

配网抢修指挥平台信息判据见附表 1-2。

附表 1-2　　　　　　　　　　配网抢修指挥平台信息判据

序号	工单类别	采集时间	信息类别	描　述
1	内部故障	实时	公用变压器停电	收到终端停电后检查 30s 前是否有上电告警，若有则认为终端误报；若无则对该终端进行电压召测，召测超时或数据为 0，认为真实停电
2		实时	专用变压器停电	通过用电采集系统抽取信息
3		实时	总保闭锁	总保动作后重合失败
4	内部异常	实时	低电压	任意一相电压连续 5 个 15min 均小于额定电压 10%
5		实时	公用变压器超载	公用变压器额定容量的 1.4 倍≤公用变压器计量点的视在功率＜公用变压器额定容量的 1.5；连续 2h 负荷均发生超载，才判定为公用变压器超载
6		实时	公用变压器过载	连续 3 个 15min 均高于变压器容量 130%
7		非实时	终端不在线	终端 24h 内无通信
8		实时	无功过补	一象限无功总电量四象限无功总电量=负数，且四象限无功总电量/正向有功总电量＞0
9		实时	高电压	一天内 A、B、C 三相有 10 个点电压大于 265V
10		实时	无功欠补	功率因数＜0.85。连续 5 个点无功欠补且视在功率大于配变容量 80%
11		实时	总保拒动	剩余电流超出额定动作值，且 15min 内没有跳闸告警

序号	工单类别	采集时间	信息类别	描　述
12		实时	总保误动	现场剩余电流值小于系统额定动作值却动作
13		非实时	公用变压器重载	公用变压器额定容量的 90%≤公用变压器计量点视在功率<公用变压器额定容量的 110%； 连续 3h 负荷均发生重载，才判定为公用变压器重载
14		非实时	单相过载	配电变压器额定电流任意一相超过变压器额定电流的 1.3 倍，即算单相电流过载；连续两个采集点均发生电流过载
15	内部异常	非实时	电流不平衡	连续 5 个 15min 均产生（三相电流最大值最小值）/最大值≥30%且总视在功率大于配变容量的 10%
16		非实时	油温越限	当前油温>130℃
17		非实时	温差越限	当前油温−环境温度>30℃
18		实时	总保频繁动作	24h 内发生 3 次跳闸
19		实时	总保退运	任务数据上送的报文控制字 4，b0-b1 为启用状态
20		实时	剩余电流超限预警	达到额定动作值 75%预警，80%跳闸；重合时自动向上升一级定值

附录二 故障研判操作演示流程

说明：配网抢修指挥人员发现配网抢修指挥平台上出现设备故障报警信息后，通过分析和判断故障性质、定位故障区域、查看故障告警信息和负荷信息、事件自动研判、形成内部抢修工单并派发处理等步骤，达到配网主动抢修的目的。

（1）进入 PMS2.0"系统导航"下的配网抢修管控，点击抢修管控下的"设备故障管理"，进入"设备故障管理"界面，如附图 2-1 所示。

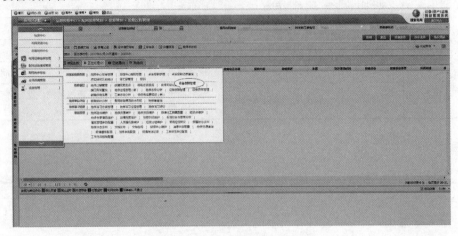

附图 2-1 "设备故障管理"界面

（2）在"设备故障管理"界面，当有故障信息上传后，左侧列表显示故障信息，右侧地理图显示故障分布，如附图 2-2 所示。

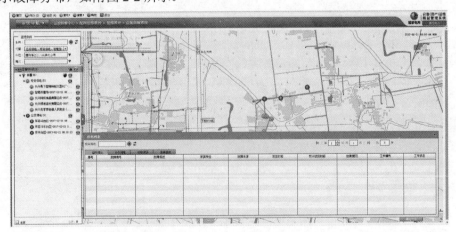

附图 2-2 地理图显示故障分布界面

（3）点击某一线路的"线路定位"按钮，在右侧地理信息图中直接定位线路，如附图 2-3 所示。

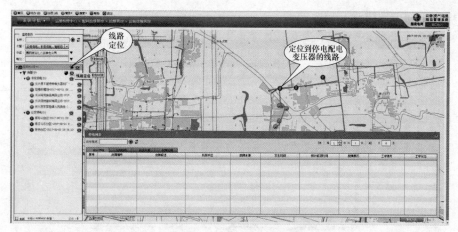

附图 2-3 "线路定位"界面

（4）点击列表中某一线路的某一台区，可以查看相关告警信息，如附图 2-4 所示。

附图 2-4 "告警信息"界面

（5）点击"负荷信息"按钮，查看台区的负荷信息，如附图 2-5 所示。

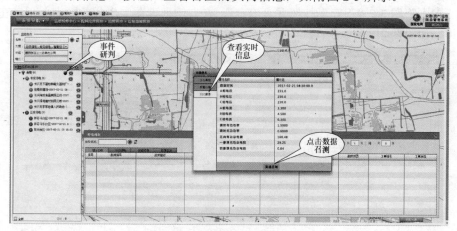

附图 2-5 "负荷信息"界面

（6）点击"数据召测"按钮，出现数据召测界面，选中 A、B、C 三相电流，进行召测，如召测失败，则进行研判，如附图 2-6 所示。

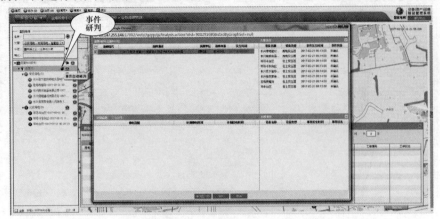

附图 2-6 "事件研判"界面

（7）点击附图 2-6 左侧列表中的"事件研判 "，自动生成故障研判结果，显示故障停电设备范围等关键信息，如附图 2-7 所示。

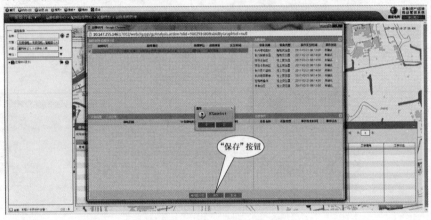

附图 2-7 故障研判结果界面

（8）点击附图 2-7 "保存"按钮并"确定"，在右侧地理图中生成故障点并记录在疑似停电列表中，如附图 2-8 所示。

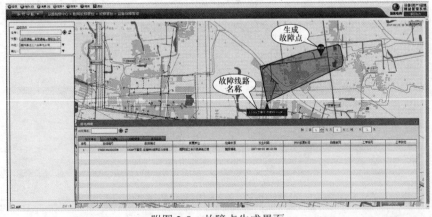

附图 2-8 故障点生成界面

（9）点击附图 2-8 中故障点中的"线路名称"，生成停电信息表，显示停电区域内的用户信息，包括敏感、重要用户等信息，如附图 2-9、附图 2-10 所示。

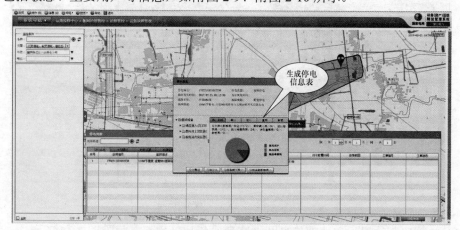

附图 2-9　停电区域内用户信息界面（一）

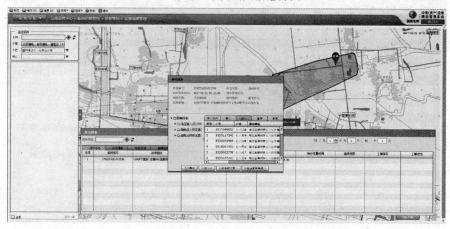

附图 2-10　停电区域内用户信息界面（二）

（10）点击"处理"按钮，生成内部故障工单，点击"派单"，实现内部抢修工单的派发，如附图 2-11、附图 2-12 所示。

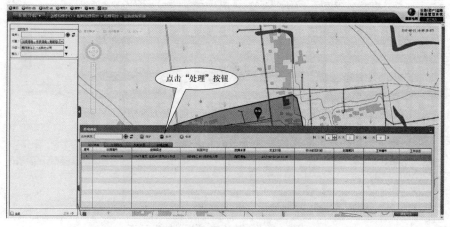

附图 2-11　"处理"操作界面

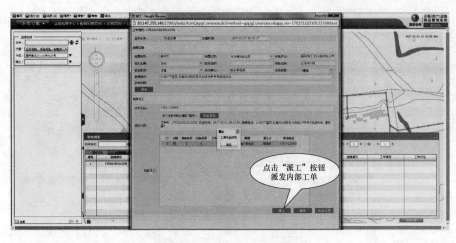

附图 2-12 "派工"操作界面

（11）故障研判结果将在地理信息图中演示红色故障构面，如附图 2-13 所示。

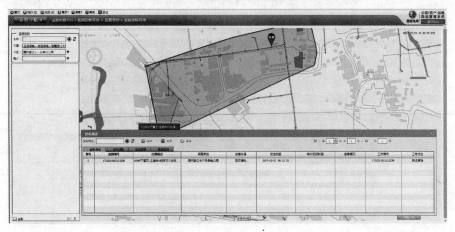

附图 2-13 故障停电界面

（12）查看内部工单详情，进行全过程监督管控，如附图 2-14 所示。

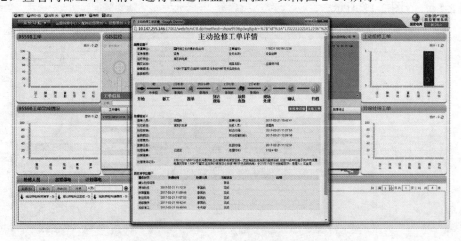

附图 2-14 "内部抢修工单详情"界面

附录三　配网抢修指挥业务纳入

供电服务指挥体系的工作方案

为适应电力体制改革要求，进一步完善供电服务和抢修指挥体系，有效加强运检、营销、调控等专业协同，根据《国家电网公司关于开展供电服务指挥平台建设试点工作的通知》（国家电网人资〔2017〕154 号）、《国家电网公司关于全面推进供电服务指挥中心（配网调控中心）建设工作的通知》（国家电网办〔2018〕493 号）文件精神，特制定本工作方案。

一、建设目标

以客户为中心，以提高抢修质量和提升抢修效率为目标，加强组织领导、业务流程、信息平台、规章制度等建设，提升供电服务指挥能力。

二、机构定位及人员设置

抢修指挥班属供电服务指挥分中心（配网调控分中心）（简称县调）的下设实体化运作班组。抢修指挥班实施 7×24h 运作，设置班长（副班长）、值长（副值长）、抢修指挥座席等。

三、主要工作职责

（1）负责 95598 故障工单接收、故障研判、派单指挥、回单审核、工单回复等业务环节的抢修指挥工作。

（2）负责主动工单故障研判、派单、回单审核、工单回复等业务环节的抢修指挥工作。

（3）建立业务分析体系，开展风险事项预警，制定配网抢修指挥业务评价考核指标。

（4）开展停电信息报送，做好故障停电信息发布和闭环管理，配网计划停送电信息催督办。

（5）负责应急联动及政府等外联工单接派、回单审核、工单回复等业务环节的抢修指挥工作。

四、主要工作职责界面

1. 与县公司运维检修部（检修（建设）工区）之间

县公司运维检修部（检修（建设）工区）作为配网运维检修专业管理部门，负责制定配网运维检修、设备监测、抢修、配电自动化相关工作标准；负责配网运维检修业务的具体实施。调控分中心负责支撑县公司运维检修部（检修（建设）工区）具体开展配网设备监测、配电运维和检修计划执行管控、配网运营管理分析、配电自动化运维业务，根据相关工作标准，对配网运维检修业务全流程开展分析和监督，提出关于配网运维检修工作的评价和考核建议。

2. 与县公司营销部（客户服务中心）之间

县公司营销部（客户服务中心）负责营销专业归口管理，负责落实相关制度、规范的要求，制定本单位工单处置、业扩全流程、"互联网＋"线上业务等相关工作标准；负责业务指导和考核执行。调控分中心负责支撑县公司营销部（客户服务中心），具体开展非抢修工单处置、"互联网＋"线上业务受理、现场服务预约、业扩全流程线上协同环节预警和催办等业务，提出关于客户服务工作的评价和考核建议。

3. 与地市公司电力调度控制中心之间

地市公司电力调度控制中心与县调是上下级调度关系。地调承担地区电网的调度运行、方式计划、继电保护、设备集中监控、自动化运维、水电及新能源（含分布式电源）等专业工作及配网抢修指挥、停送电信息规范性管理职责；县调负责县域管辖范围内电网调度运行、方式计划、继电保护、设备监控、水电及新能源（含分布式电源）、自动化运维等职能，负责所辖配网抢修指挥和停送电信息报送工作，接受地调调度和专业管理。

4. 与外联业务管理部门之间业务界面

办公室是县调的政府类平台外联业务指导部门，分别负责 12345、数字城管、电力 110 等平台外联业务指导；负责重大疑难工单的协调处置。县调抢修指挥班接受办公室、运维检修部、安监部、监察部的业务指导；负责 12345、数字城管、电力 110 等平台外联工单流转日常管控。

五、规章制度修编

按照"不立不破"的原则，围绕配网抢修指挥业务纳入县调后的业务流程和职责调整，梳理需要新增修编的规章制度。

1. 优化工作流程

配网抢修指挥业务纳入县调后，重点从加强调控与抢修指挥业务协同、缩减业务流程环节、提升抢修服务水平方面梳理并优化配网故障抢修工作流程。

2. 统一制度标准

根据配网抢修指挥业务纳入县调后，县调功能定位、组织架构以及相关职责和业务范围变化，在完成工作界面划分、优化业务流程的基础上，全面开展各级制度、规程和标准的适应性梳理，制（修）定配网抢修指挥管理制度等相关规章制度，地调组织并落实编制管理细则及工作规范。

3. 规章制度发布与培训

做好规章制度的发布与培训宣贯工作，重点对配网抢修指挥业务纳入县调后各项业务的职责范围、工作界面划分、业务流程优化等进行宣贯培训。

六、值班场所建设

（1）值班场所建设应充分利用原有工作场所和设施，进行必要改造和扩充，节约建设成本。

（2）县调实现配网调控班和抢修指挥班在同一场所联合值班，按人员和业务规模设置配网调控和抢修指挥坐席，实行 24h 值班，按照"五班三运转"方式管理。

（3）为减少值班大厅人员多、话务繁、音响杂等干扰因素影响，可在值班大厅调控运营和抢修指挥座席区域设置隔音设施，减少业务间的干扰。

七、保障措施

1. 风险管控及防范

坚持"安全第一"的原则，严守安全底线，以电网运行安全和员工队伍稳定为目标，按照"突出重点、超前分析、细化措施、全程监督"的原则，认真开展配网抢修指挥业务纳入县调实施过程的风险分析并采取管控措施，高度重视业务调整过程中出现的矛盾或问题，研究解决办法，化解不稳定因素。

2. 工作机制

县调统筹考虑配网抢修指挥业务纳入中心的工作方案和计划，配网抢修指挥业务纳入县调结合营配调一体化工作同步开展。建设单位应成立抢修指挥业务调整工作领导小组和工作小组，负责本单位配网抢修指挥业务纳入县调的操作方案编制、部门间协调和具体落实。

八、推进计划

1. 建设准备阶段（2017 年 11～12 月）

省公司成立县调建设领导小组，统一组织协调各项工作开展，建立日常联系和协调工作机制。省公司确定具体实施方案，并上报国家电网公司备案，各地市公司认真学习省公司操作方案，在认真梳理机构人员设置、业务流程、工作制度的基础上，完成县公司配网抢修指挥班操作方案，并上报省公司批准。

2. 实施阶段（2018 年 1～2 月）

各地市公司根据省公司批复的操作方案，进行工作动员、实施准备和人员业务调整工作。

3. 试运行及问题改进阶段（2018 年 3～4 月）

各县公司完成配网抢修指挥业务调整和自验收工作，并根据自验收情况进一步优化专业管理和业务流程，开展完善提升工作。

4. 自验收阶段（2018 年 5～6 月）

各县调抢修指挥班完成完善提升工作，由市公司调度控制中心统一向省公司提交验收申请。省公司根据验收申请，组织相关领导及专家对县调抢修指挥班建设情况开展验收。

附录四　主动抢修量化考核

一、工作思路

为建设以客户满意为导向，一致对内、协同运作的主动抢修服务体系，进一步规范配网故障抢修工作，提高故障抢修效率，提高优质服务水平和用户满意度，推进配网抢修指挥平台实用化，有效减少 95598 工单量，深入实施营配贯通成果应用，全面推进"两个转变"、加快建设"一强三优"现代企业提供有力保证。

二、主要任务

建立"主动抢修"量化考核机制，明确抢修工单业务和现场抢修业务的考核条款；以"先外后内、先故障后异常"原则，建立信息沟通网络，畅通信息传递渠道；健全各部门协同的督办机制，按照职责分工和时限要求，完成主动工单的处理，实现主动抢修业务的流程畅通、信息共享、过程可控、响应快速、服务优质。

三、工作重点

（1）建立量化考核体系。进一步完善"主动抢修"工作的领导体制和工作机制，结合"三集五大"体系深入推进，从专业角度对"主动抢修"分为工单业务和现场抢修业务两部分考核体系。

1）县调负责抢修工单业务的考核体系建立、工单全过程管控和工单督办机制等工作，具体包括：①负责配网生产抢修平台主动抢修工单的应用和考核评价，对平台存在的问题联系运维检修部及时整改，并配合运维检修部做好平台培训工作；②负责主动抢修工单的故障研判、派发、审核反馈信息及工单归档的全过程闭环管理，协调处理归属不明的主动抢修工单；③负责对主动抢修工单的异常情况进行督办和汇总，并提出考核意见；④负责主动抢修事件的记录、汇总、分析、总结工作。

2）运维检修部负责现场抢修业务的考核体系建立、抢修质量监督管控等工作，具体包括：①负责配网抢修指挥平台功能完善和移动作业终端的日常运维，提高系统稳定性，确保供电所可靠接单；②负责各供电所现场抢修作业的归口管理及培训指导工作；③负责对现场抢修作业异常情况审核并提出考核意见。

3）各供电所是主动抢修考核的责任主体，具体负责：①负责主动抢修工单的接收，按照类别进行规范处理及信息反馈，对工单处理质量和现场抢修质量负责；②负责故障停电信息的上报；③负责报送各类报表、信息和异常情况分析说明；④负责及时反馈非本单位管辖范围内的工单。

（2）明确业务工作要求。

1）主动抢修工单派发：配网抢修指挥人员发现告警信号后，对故障进行协同研判后下发主动抢修工单。

2）供电所抢修值班人员在接到主动抢修工单后，在规定时间内完成接单；针对现场停电的，应在规定时限内编制故障停电信息，通过抢修指挥平台推送至 95598 系统。

3）供电所抢修值班人员安排抢修人员到达现场后，在规定时间内在抢修平台或移动作业终端上维护到达现场的信息反馈；完成设备勘察后，及时在抢修平台或移动作业终端上维护现场勘察信息的反馈；完成故障抢修工作后，5min 内在抢修平台或移动作业终端上维护抢修处理情况信息的反馈。

4）配网抢修指挥人员在收到供电所回复的工单后，在抢修平台上确认抢修结果，并将内部工单归档。当出现工单填写不规范时，配网抢修指挥人员立即对该工单进行回退，由供电所抢修人员重新填写，并重新提交流程审核。

5）若供电所无法短期内完成该工单处理（或因系统问题无法提交处理），须填写异常工单处理意见单，经专业管理部门审核同意，提交县调备案，该设备异常在批准的处理期限内不再下发工单。

6）若经现场勘察，主动抢修工单需其他单位配合的，应立即汇报配网抢修指挥人员，由其通知相关单位配合。

7）到达现场时限要求：主动抢修故障工单从下派开始，到抢修人员到达现场时间为止，城市要求 45min，农村要求 90min，特殊边远地区要求 2h 以内，考核时限时以工单受理时的"城乡类别"为准。

8）主动抢修故障工单处理时限参照 95598 工单（低压 4h、10kV 架空线路 8h、重大故障和电缆故障抢修不间断）要求执行；主动抢修异常工单处理时限要求在 3 个工作日内完成抢修工作并回复抢修处理情况。

（3）健全监督考核机制。出现以下情况纳入考核范围：①因处理不到位造成同一设备异常一周内三次及以上重复派发工单的；②主动抢修工单量居高不下的倒数前三位；③主动抢修工单未按规定的时限完成处理，包括接单超时、到达现场超时、修复超时等；④未按规定时限发布停电信息，或发布的停电信息不规范、不完整；⑤主动抢修工单的抢修记录填写不规范发生回退；⑥未按要求到达现场，抢修记录蓄意造假；⑦发生由于责任性引起的催办和投诉；⑧未按规定时限及时反馈异常情况说明；⑨现场故障抢修作业不规范，携带设备不合格、资料不齐全、着装不规范、作业证未佩戴等。

（4）畅通信息报送渠道。以各专业专题分析专业分析主动抢修原因，系统研究对策，充分利用生产例会、周例会、月度公司例会等机会进行，服务于管理创新和"三集五大"工作的推进。

1）各供电所对于本单位的主动抢修业务开展情况进行周统计、月分析，查找存在的问题和不足，提出改进措施。

2）县调采用日报、周报、月报形式通报公司的主动抢修工单执行情况，为企业的"主动抢修"工作提供决策参考。

3）运维检修部定期通报各单位的现场抢修业务开展情况和抢修质量评价，逐步建立主动抢修动态管理机制。

（5）推进专业协同机制。以营配贯通成果深化应用为契机，充分运用调配抢一体化平台，开展各专业的协同服务、协同监督与协同考核，推进"三集五大"工作的管理创新。

1）各专业管理部门要结合专项工作，切实为基层单位的"主动抢修"提供服务和技术帮助，减轻基层单位的工作承载力。

2）各单位要将"主动抢修"量化考核工作纳入专业协同范围，进一步明确业务部门和监督部门在"主动抢修"量化考核方面的责任，杜绝重复考核和遗漏考核。

四、工作要求

构建"主动抢修"量化考核长效机制，重点要在"三个结合、三个注重"上下工夫，为"主动抢修"的量化考核工作提供抓手。

（1）把"主动抢修"考核与同业对标相结合，注重指标提升。为继续深化"主动抢修"量化考核长效机制，与供电所同业对标相结合，在修订的供电所同业对标指标体系专业对标中得以体现。"主动抢修"分指标停电信息录入规范性和抢修工单规范率。每周进行指标通报分析，每月进行指标分析通报与排名。

（2）把"主动抢修"考核与月度绩效相结合，体现奖罚分明。为体现"公平、公正、公开"原则，根据县供电公司月度组织绩效考核管理，县调和运维检修部进一步完善"主动抢修"指标体系和评价标准，强化"主动抢修"指标和工作任务的过程管理，健全月度绩效指标体系，在公司月度考核的普通指标中得以体现。

（3）把"主动抢修"考核与劳动竞赛相结合，体现奖罚分明。为加快推进配网抢修平台、供电服务监控平台、智能总保、营配贯通等系统的实用化，县公司开展"供电抢修服务提升劳动竞赛"活动，将"主动抢修"的四项应用指标以及主动工单处理规范性、停电信息录入规范性两项指标纳入劳动竞赛评价项目。

附录五 国网浙江省电力公司配网
主动抢修指挥管理办法

一、范围

《国网浙江省电力公司配网主动抢修管理办法（试行）》规定各单位的工作职责、主动抢修工单派发与处理流程、明确检查与考核要求，本办法适用于公司系统各供电单位。

二、规范性引用标准

下列文件对本文件的应用是必不可少的。凡是注日期的引用文件，仅注日期的版本适用于本文件。凡是不注日期的引用文件，其最新版本（包括所有的修改单）适用于本文件。

《关于推进标准化配网抢修工作的意见》（生配电〔2011〕156号）

《国网浙江省电力公司95598业务管理办法（试行）》（浙电规〔2013〕51号）

《国网浙江省电力公司配网故障抢修考核管理办法（修订）》（浙电运检字〔2013〕89号）

三、总则

（1）配网主动抢修是指应用配电自动化、公用变压器监测、剩余电流动作保护器监测等系统主动推送设备故障和异常，经过配网抢修指挥平台研判形成内部工单，实现设备故障主动抢修和设备异常提前排除。

（2）各单位应建立主动抢修管理机构，加强主动抢修工单管理和指标管控，遵循"先95598工单后主动抢修工单、先故障工单后异常工单"原则，确保流程畅通、操作规范、过程可控、响应快速、服务优质。

四、工作职责

（1）省电力公司运维检修部是配网主动抢修的业务管理部门，其工作职责是：①负责建立和完善配网主动抢修管理制度，组织制定配网主动抢修的技术标准，规范开展配网主动抢修工作；②负责专业管理范围内生产类停送电信息报送工作的监督、检查；③负责组织开展配网主动抢修业务统计分析工作，及时掌握主动抢修开展情况，制定目标，明确要求；④负责指导、监督和考核地市（县）公司配网主动抢修工作，协调解决故障抢修工作中的重大问题。

（2）省电力公司电力调度控制中心是配网主动抢修指挥业务管理部门，其工作职责是：①组织制定配网主动抢修指挥的技术标准，规范开展配网主动抢修指挥工作；②负责组织开展配网主动抢修故障工单统计分析工作，及时掌握主动抢修指挥业务开展情况，制定目标，明确要求；③负责指导、监督和考核地市（县）公司配网主动抢修指挥工作。

（3）省电力公司运营监测（控）中心作为市级供电抢修服务中心的归口管理单位，负责对市级供电抢修服务中心的整体工作情况进行评价考核。

（4）省电力公司信息通信分公司是配网抢修指挥平台运维管理部门，其工作职责是：①负责配网抢修指挥平台运行维护，并提供相应的技术支持，不断提高系统稳定性；②负责保障系统软硬件环境，确保系统性能满足应用要求。

（5）市（县）公司运维检修部的工作职责是：①负责配网主动抢修作业的归口管理；②负责对现场抢修作业异常情况进行审核并提出考核意见；③负责主动抢修作业的应用管理、考核评价工作。

（6）市（县）公司县调的工作职责是：①负责配网主动抢修指挥业务的归口管理；②负责主动抢修工单的研判、派发、各环节跟踪、审核、归档；③负责主动抢修事件的记录、汇总、分析、总结工作；④负责主动抢修工单的应用管理、考核评价工作。

（7）配网运检（抢修）班组的工作职责是：①负责主动抢修工单处理，按照规范要求组织人员现场修复设备故障和排除异常情况，及时进行信息反馈，对工单处理质量负责；②负责及时反馈故障抢修及异常信息；③负责报送各类报表和信息。

五、主动抢修工单分类

（1）故障工单是指抢修指挥平台推送，经研判生成的现场设备故障造成用户停电的工单，包括线路停电、公用变压器停电、剩余电流动作保护闭锁。此类工单在不影响95598工单正常流转的前提下，须立即安排处理。

（2）异常工单是指现场设备异常运行，但还未造成用户停电的工单。此类工单原则上由系统自动派发，应及时安排处理。

六、主动抢修工单派发

（1）工单派发原则：优先处理95598工单，然后处理故障工单。

（2）预警信息研判。配网抢修指挥人员应加强对配网抢修指挥平台监控，对各类告警信息进行确认和研判。

（3）设备故障工单派发。收到故障告警信息后，在不影响95598工单正常流转的前提下，配网抢修指挥人员应在5min内完成对系统推送的各类故障信息研判，3min内完成故障工单派发至配网运检班组，并在规定时限内将故障停电信息发布至95598系统。

（4）设备异常工单通过系统自动派发。根据系统推送的各类设备异常信号，自动下派异常工单，原则上非工作时间不派发异常工单。

七、主动抢修工单处理

（1）在不影响95598工单正常流转的前提下，配网运检（抢修）班组应在5min内完成故障工单接单。

（2）下派的主动抢修故障工单不得进行无故回退，确因责任区域错误的，接单的配网运检（抢修）班组应及时汇报配网抢修指挥人员，由其决定是否需要退单。

（3）设备故障工单处理时限参照95598工单。

（4）设备异常工单一般应在派发当天处理完成。配网运检班组在处理时限内无法完成处理，须填写异常工单处理意见单，经运维检修部审核同意后，在批准的处理期限内可不再重复下发异常工单。

八、主动抢修工单审核与回退

（1）配网抢修指挥人员负责对主动抢修故障工单质量及时进行审核归档，审核内容包括填写规范性、现场处理信息和工单反馈信息的完整性等。

（2）配网抢修指挥人员发现主动抢修故障工单处理不满足要求的，将主动抢修故障工单回退至配网运检（抢修）班组，按流程再次处理。

（3）市（县）公司运维检修部负责定期对主动抢修异常工单质量进行审核归档，审核内容包括填写规范性、现场处理信息和工单反馈信息的完整性等。

九、检查与考核

（1）按照"分级管理、逐级考核"的原则，开展主动抢修工单监督与考核。公司以不定期抽查等方式核实各单位的系统应用规范性和真实性，通过指标通报等形式对各单位进行考核。

（2）各单位应根据职责分工、工作内容与流程制定本单位相应的实施细则。

十、附则

（1）本规范由运维检修部和电力调度控制中心共同负责解释。

（2）本规范自发布之日起执行。

附录六　国网浙江省电力公司配网
抢修指挥管理实施细则

第一章　总　　则

第一条　为提高配网故障研判、抢修协调指挥工作的精益化、同质化、标准化管理水平，规范和指导配网抢修指挥业务开展，按照国家电网公司"三集五大"体系建设工作总体部署和国网浙江省电力公司（以下简称省电力公司）"三集五大"体系建设方案相关要求，结合《国家电网公司95598业务管理暂行办法》［国网（营销/4）272-2014］、《国家电网公司配网抢修指挥工作管理办法（暂行）》，特制订本细则。

第二条　配网抢修指挥是指地市公司电力调度控制中心（以下简称地调）及分中心（以下简称县调）根据客服中心派发的抢修类工单内容或技术支持系统主动推送的故障信息，对配网故障进行研判，并将工单派发至相应的抢修单位，实现抢修类工单闭环管理。

第三条　本规定适用于省电力公司各级单位的配网抢修指挥管理工作。

第二章　职　责　分　工

第四条　省电力公司电力调度控制中心（以下简称省调）是省配网故障抢修指挥归口管理部门，其主要职责是：

（1）负责贯彻落实国家电网公司配网抢修指挥管理制度、标准和流程，制定省电力公司配网抢修指挥管理实施细则，指导地、县公司规范开展配网抢修指挥工作。

（2）负责对各地、县公司配网抢修指挥工作的监督、检查和考核，组织开展业务统计分析。

（3）负责专业管理范围内生产类停送电信息报送工作的监督、检查。

（4）负责做好配网抢修指挥平台建设配合工作，根据实际业务提出功能应用需求，组织开展平台验收评价工作。

第五条　省电力公司营销部是省95598业务管理及业务支撑工作的归口管理部门，其主要职责是：

（1）负责监督和考核本省95598客户服务工作质量和95598业务支撑工作质量。

（2）负责协调本省有关部门95598营销和生产信息的支撑工作。

（3）负责专业管理范围内生产类停送电信息报送工作的监督、检查。

第六条　省电力公司运维检修部是省故障抢修业务的归口管理部门，其主要职责是：

（1）负责指导、监督和考核地、县公司配网故障抢修工作，协调解决故障抢修工作中的重大问题，定期开展故障抢修分析。

（2）负责专业管理范围内生产类停送电信息报送工作的监督、检查。

（3）协调开展配网抢修指挥技术支持功能建设工作，落实抢修单位手持终端的部署。

（4）负责组织各级故障抢修队伍人员的业务培训工作。

第七条 省电力公司客服中心是省 95598 业务的执行单位，是 95598 客户服务管理的支撑机构，其主要职责是：

（1）故障报修业务未上收单位客服中心负责受理本省故障报修业务，并负责工单派发、跟踪、督办、抽查、回复和回访工作。

（2）负责及时向省电力公司有关部门报送紧急及有可能引发舆情事件的故障报修。

（3）负责为省调控中心配网抢修及生产类停电信息的统计、分析工作提供支撑。

（4）负责接收、审核各地、县公司 95598 业务申诉请求，向国网客服中心提出初次申诉，协助省电力公司营销部提出最终申诉。

第八条 地调是本单位配网故障抢修指挥的归口管理部门，其主要职责是：

（1）负责贯彻落实公司配网抢修指挥管理制度、标准、流程及省电力公司发布的实施细则。

（2）负责对各县公司配网抢修指挥工作的指导、检查和考核，组织开展业务统计分析。

（3）负责接收抢修类及生产类紧急非抢修工单或根据推送的故障信息形成内部抢修工单、研判分析、通过系统合并、派单指挥、跟踪、监督。

（4）负责审核抢修班组回填的工单，并将工单回复客服中心。

（5）负责专业管理范围内生产类停送电信息编译工作，汇总报送生产类停送电信息。

（6）负责配网抢修指挥业务统计分析及报送工作，定期发布抢修班组工作执行情况。

（7）负责对本单位故障抢修指挥和抢修效率的监督、检查和考核。

（8）负责配网抢修指挥平台功能应用需求和培训需求的报送。

（9）负责根据省调评价要求，提出配网抢修指挥平台实际应用情况以及整改建议。

第九条 地市公司营销部是本单位 95598 业务管理及业务支撑的归口管理部门，其主要职责是：

（1）负责服务事件的协调处理。

（2）负责专业管理范围内生产类停送电信息编译、报送工作及通知高危、重要客户。

（3）负责协调客户产权（含分布式电源）的设备抢修工作。

（4）负责政府部门、社会联动、上级部门等转办的故障报修及舆情事件的受理、派发及跟踪评价。

第十条 地市公司运维检修部是本单位故障抢修业务及其专业管理范围内 95598 业务的处理部门，其主要职责是：

（1）负责组织开展、实施配网设备（表箱前）故障抢修。

（2）负责接收相关调控中心派发的工单，并在系统中及时填写抢修类及生产类紧急非抢修工单到达现场时间、故障原因、停电范围、停电区域、预计恢复时间、实际恢复送电时间等故障信息并完成流转。

（3）负责督导故障抢修物资、人员、车辆的管理工作。

（4）负责专业管理范围内生产类停送电信息编译、报送工作。

（5）负责进行故障抢修现场的解释，减少投诉工单的生成。

（6）负责本单位故障抢修质量的管理工作，定期开展故障抢修分析。

（7）负责做好配网抢修指挥系统运维工作，落实所辖抢修单位手持终端的运维管理。

（8）负责组织地市公司各级故障抢修队伍人员的业务培训工作。

第十一条 地（市）公司客服中心是市 95598 业务的执行单位，是 95598 客户服务管理的支撑机构，其主要职责是：

（1）故障报修业务未上收的单位，客户服务中心负责受理本市故障报修业务，并负责工单派发、跟踪、督办、抽查、回复和回访工作。

（2）负责及时向地（市）公司有关部门报送紧急及有可能引发舆情事件的故障报修。

（3）负责为地调配网抢修及生产类停电信息的统计、分析工作提供支撑。

（4）负责接收、审核各县公司 95598 业务申诉请求，向省客服中心提出初次申诉，协助地公司营销部提出最终申诉。

第十二条 县调是本单位配网故障抢修指挥的归口管理部门，其主要职责是：

（1）负责贯彻落实公司配网抢修指挥管理制度、标准、流程及省电力公司发布的实施细则。

（2）负责接收抢修类及生产类紧急非抢修工单或根据推送的故障信息形成内部抢修工单、研判分析、通过系统合并、派单指挥、跟踪、监督。

（3）负责审核抢修班组回填的工单，并将工单回复客服中心。

（4）负责专业管理范围内生产类停送电信息编译工作，汇总报送生产类停送电信息。

（5）负责配网抢修指挥业务统计分析及报送工作，定期发布抢修班组工作执行情况。

（6）负责对本单位故障抢修指挥和抢修效率的监督、检查和考核。

（7）负责配网抢修指挥平台功能应用需求和培训需求的报送。

（8）负责根据地调评价要求，提出配网抢修指挥平台实际应用情况以及整改建议。

第十三条 县公司营销部是本单位 95598 业务管理及业务支撑的归口管理部门，其主要职责是：

（1）负责服务事件的协调处理。

（2）负责专业管理范围内生产类停送电信息编译、报送工作及通知高危、重要客户。

（3）负责协调客户产权（含分布式电源）的设备抢修工作。

（4）负责政府部门、社会联动、上级部门等转办的故障报修及舆情事件的受理、派发及跟踪评价。

第十四条 县公司运维检修部［检修（建设）工区］是本单位故障抢修业务及其专业管理范围内 95598 业务的处理部门，其主要职责是：

（1）负责组织开展、实施配网设备（表箱前）故障抢修。

（2）负责接收相关调控中心派发的工单，并在系统中及时填写抢修类及生产类紧急非抢修工单到达现场时间、故障原因、停电范围、停电区域、预计恢复时间、实际恢复送电时间等故障信息并完成流转。

（3）负责督导故障抢修物资、人员、车辆的管理工作。

（4）负责专业管理范围内生产类停送电信息编译、报送工作。

（5）负责进行故障抢修现场的解释，减少投诉工单的生成。

（6）负责本单位故障抢修质量的管理工作，定期开展故障抢修分析。

（7）负责做好配网抢修指挥系统运维工作，落实所辖抢修单位手持终端的运维管理。

（8）负责组织县公司各级故障抢修队伍人员的业务培训工作。

第十五条 乡镇供电所是本单位故障抢修业务具体实施及其管辖范围内 95598 业务的处理部门，其主要职责是：

（1）负责开展辖区内配网设备故障抢修。

（2）负责专业管理范围内生产类停送电信息编译、报送工作。

（3）负责在系统中及时填写抢修类工单到达现场时间、故障原因、故障类型、抢修现场记录，以及故障停电信息的停电范围、停电区域、预计结束时间、预计送电时间、开始送电时间、实际送电时间等信息并完成流转。

（4）对设备故障抢修质量和抢修类工单填写质量负责。

（5）负责配网抢修指挥系统功能应用需要和业务培训需求的上报。

第三章 业 务 流 程

第十六条 客服中心派发至地、县调的工单分为抢修类工单和生产类紧急非抢修工单。生产类紧急非抢修工单内容包括供电企业供电设施消缺、协助停电及低压计量装置故障。

第十七条 配网抢修指挥主要包括工单接收、故障研判、派单指挥、回单审核、工单回复等环节。

（1）工单接收。接收工单后，判断属于符合有效派单条件的工单，进行故障研判及派单指挥；判断不属于有效派单条件的工单，填写退单原因后将工单回退至客服中心。

（2）故障研判及派单指挥。配网抢修指挥人员根据报修信息，利用已接入的技术支持系统，对配网故障进行研判，将工单合并或派发至相应的抢修单位。对于合并的工单，配网抢修指挥人员应将工单信息及时传递到抢修单位，由抢修人员做好用户的沟通、解释工作。

（3）回单审核及工单回复。配网抢修指挥人员对抢修单位回填的工单进行全面审核，符合规范要求的工单，回复至客服中心；不符合规范要求的工单，回退至抢修单位补充填写。

第四章 工 单 处 理 原 则

第十八条 地、县调应及时处理客服中心下发的抢修类工单，在接收到工单后 3min 内完成工单的派发或回退。

第十九条 客服中心发送的工单，若派发区域、业务类型、客户联系方式等重要信息错误、缺失或无客户有效信息导致无法进行有效派单的，配网抢修指挥人员应填写退单原因后将工单进行回退处理。

第二十条 抢修单位在接到配网抢修指挥人员派发的抢修类工单后，应在 2min 内完成接单。

第二十一条 到达故障现场后，具备远程终端或手持终端的单位，抢修班组 5min 内将抵达现场时间录入系统；不具备条件的抢修班组 5min 内向本单位调控中心反馈，暂由调控中心代填。

第二十二条 抢修完毕后，具备远程终端或手持终端的单位，抢修班组 5min 内完成工单回填并发至本单位调控中心审核，调控中心 30min 内将审核完毕后的工单回复客服中心；

不具备条件的由抢修班组 5min 内反馈调控中心，由调控中心 30min 内完成代填、审核并回复客服中心。

第二十三条 配网抢修指挥人员应跟踪故障处理进度，及时审核抢修单位回填的抢修工单中到达现场时间、抢修进程、抢修处理结果和故障原因分析等相关内容的规范性，对信息填写不规范的工单应回退抢修单位补充填写。

第二十四条 抢修单位在故障工单处理过程中，涉及扩大停电范围、影响重大电网设备安全、影响社会公共安全等情况时，应作为要情及时汇报配网抢修指挥人员。

第二十五条 抢修类工单填写要求。抢修类工单除按相关规定执行外，还必须：

（1）抢修类工单处理情况填写须真实、准确、完整。对于无法满足客户需求或存在处置困难的工单，应详细写明原因及相关依据和与客户沟通情况等。抢修现场记录按规定模板进行填写，内容包括：故障原因、故障设备（产权分界）、修复情况、后续处理安排等。

（2）对工单处理中遇有争议或需协调的，及时提交专业管理部门协调解决。

第二十六条 工单挂起处理原则：

（1）对于客户诉求短期内无法彻底解决、无法制定解决方案的工单，征求客户意见后可以申请工单挂起。报修工单不允许申请工单挂起。

（2）工单挂起必须履行审批手续，由地市、县供电企业发起，省客服中心和国网客服中心分别在 1 个工作日内完成逐级审核后，由国网客服中心办理挂起手续。同一张工单只允许挂起 1 次。

（3）工单挂起时限由工单处理部门在申请时明确，挂起时限必须真实可信，不得无限期挂起工单。在挂起时限到期后工单自动唤醒，工单处理部门及时录入处理意见，回复工单。在挂起时限到期前已有处理意见的工单，工单处理部门可申请提前唤醒工单，录入处理意见。

（4）工单挂起原则上不超过 10 个工作日，涉及电网建设改造的工单原则上不超过 60 个工作日。

第二十七条 催办工单处理时限包含下派、处理、反馈时间，抢修单位接到催办工单后，应按规定时间向配网抢修指挥人员反馈抢修进程、抢修人员位置、预计修复时间、与客户联系情况等内容。

第二十八条 抢修类工单申诉流程：

（1）地市公司抢修类工单的申诉，由责任单位填写申诉表，专业管理部门负责认定，由专业管理部门负责向上级进行申诉。

（2）县公司抢修类工单的申诉，由责任单位填写申诉表，专业管理部门负责认定，并经分管领导同意后，由专业管理部门负责向地市公司客服中心进行申诉。

（3）初次申诉经各省客服中心审核后提交申请，最终申诉由各省客服中心发起，经省电力公司营销部审核后向国网营销部提交申请。申诉工单应包括申诉工单业务类型、申诉原因及目的、工单编号、申诉依据和申诉人等信息。

（4）省电力公司内部申诉，由工单处理单位发起，向省客服中心提出申诉，由省客服中心答复申诉结果。

（5）各单位发现问题工单后应及时发起申诉，省电力公司营销部、省客服中心在接到地市供电企业申诉申请后 2 个工作日内完成审核工作，国网客服中心在接到省电力公司申诉申请后 2 个工作日内答复初次申诉结果，国网营销部在接到省电力公司申诉申请后 3 个工作日内答复最终申诉结果。

（6）申诉工单答复内容包括申诉认定结果、申诉认定依据及相关说明。

（7）申诉流程一般不超过 7 个工作日，已办结工单超过 1 个日历月未提出申诉的，视为放弃申诉。

（8）同一张工单对同一类型的申诉只允许提交 1 次，不同类型的申诉应单独发起申诉工单。

第五章　生产类停送电信息报送

第二十九条　地、县公司调控中心、运维检修部、营销部按照专业管理职责，开展生产类停送电信息编译工作，并对各自专业编译的停送电信息准确性负责。

第三十条　公用变压器以上设备计划停电、临时停电、故障停限电、超电网供电能力停限电应报送停送电信息。

第三十一条　地、县调通过配网抢修指挥技术支持系统汇总录入生产类停送电信息，汇总后报送相关客服中心。

第三十二条　计划类停送电信息，来源于检修单位提交的设备停电检修申请单。申请单应涵盖全部停送电信息报送内容，地、县公司运维检修部门应提前 9 天向相关调控中心提交设备停电检修申请单。

第三十三条　故障类停送电信息：

（1）配电自动化系统覆盖的设备跳闸停电后，营配信息融合完成的单位，调控中心应在规定时限内向客服中心报送停电信息；营配信息融合未完成的单位，各部门按照专业管理职责 10min 内编译停电信息报调控中心，调控中心应在收到各部门报送的停电信息后 10min 内报客服中心。

（2）配电自动化系统未覆盖的设备跳闸停电后，应在抢修人员到达现场确认故障点后，各部门按照专业管理职责 10min 内编译停电信息报调控中心，调控中心应在收到各部门报送的停电信息后 10min 内报客服中心。

第三十四条　临时停送电信息：

（1）临时性日前停电，营配信息融合完成的单位，调控中心应在 24h 内向客服中心报送停电信息；营配信息融合未完成的单位，地市、县供电企业各部门应按照专业管理职责 24h 内编译停电信息报调控中心，调控中心应在收到各部门报送的停电信息后 10min 内报客服中心。

（2）其他临时停电，营配信息融合完成的单位，调控中心应在 1h 内向客服中心报送停电信息；营配信息融合完成的单位，地市、县供电企业各部门应按照专业管理职责 45min 内编译停电信息报调控中心，调控中心应在收到各部门报送的停电信息后规定时限内报客服中心。

第三十五条　超电网供电能力停限电信息：

超电网供电能力需停电时，原则上应提前报送停限电范围及停送电时间等信息，无法预判的停电拉路应按如下原则执行：营配信息融合完成的单位，调控中心在停电拉路后应在规定时限内向客服中心报送停电信息；营配信息融合未完成的单位，地市、县供电企业各部门应按照专业管理职责在停电拉路后 10min 内编译停电信息报调控中心，调控中心应在收到各部门报送的停电信息后 5min 内报客服中心。调控中心收到现场送电汇报后 10min 内填写送电时间。

第三十六条　停送电信息内容发生变化后 10min 内，地市、县供电企业调控中心应向国网客服中心报送相关信息，并简述原因；若延迟送电，应至少提前 30min 向客服中心报送延迟送电原因及变更后的预计送电时间。

第三十七条　除临时故障停电外，停电原因消除送电后地市、县供电企业调控中心应在 10min 内向客服中心报送现场送电时间。

第三十八条　生产类停送电信息报送内容：

（1）地、县公司调控中心、运维检修部根据各自设备管辖范围编译的生产类停送电信息应包含：供电单位、停电类型、停电区域（设备）、停电范围（高危及重要客户）、停送电信息状态、停电计划时间、停电原因、现场送电类型、停送电变更时间、现场送电时间等信息。

（2）地、县公司营销部在配合编译生产类停送电信息时，编译内容应包含高危及重要客户、停送电信息发布渠道等信息。

第六章　管　理　要　求

第三十九条　各地、县公司应按照 7×24h 安排配网抢修指挥值班工作，保障及时处理工单，避免出现工单超时现象。

第四十条　各地、县公司应通过远程终端或手持终端的形式，实现配网抢修指挥班与抢修单位之间的工单流转。

第四十一条　现场抢修人员应服从配网抢修指挥人员的指挥，现场抢修驻点位置、抢修值班力量应设置合理。地、县公司运维检修部［检修（建设）工区］及时通报抢修驻点情况、抢修范围及联系方式等变化情况。

第四十二条　地县公司应做好配网抢修指挥技术支持系统及网络通道的运行维护工作。

第四十三条　各地（县）调应具备运维检修部门上报的抢修单位辖区图（表）、电力设备供电范围（地理位置、重要客户、专用变压器客户、医院、学校、乡镇、街道、村、社区、住宅小区等）等资料。

第七章　考　核　评　价

第四十四条　各单位应加强配网抢修指挥管理工作，建立纵向贯通的配网抢修指挥监督评价考核指标，开展统计分析及评价考核。

第四十五条　评价指标主要包括工单流转、抢修班组响应及技术支持系统运转等，并将该指标纳入相关单位的月度组织绩效考核。

第四十六条　各地调应定期汇总所辖范围内的配网抢修指挥业务相关指标进行统计分析、发布，并将相关资料上报浙江省调。

第八章　附　则

第四十七条　本细则解释权属浙江电力调度控制中心。

第四十八条　本细则自印发之日起开始执行。

附录七　国家电网公司配网抢修
指挥工作管理办法

第一章　总　　则

第一条　为提高配网故障研判、抢修指挥工作的精益化、同质化、标准化管理水平，规范和指导相关业务开展，按照国家电网公司（以下简称公司）"三集五大"体系建设方案相关要求，制定本办法。

第二条　配网抢修指挥是指地（市、州）供电公司（以下简称地公司）电力调度控制中心（以下简称地调）及县级电力调度控制中心（以下简称县调），根据客户服务中心派发的抢修类工单内容或配调系统发现的故障信息，对配网故障进行研判，并将工单派发至相应抢修班组。

第三条　本规定适用于公司各级单位配网抢修指挥业务管理工作。公司各级控股、参股、代管单位参照执行。

第二章　职　责　分　工

第四条　国调中心是配网抢修指挥业务的归口管理部门，负责公司配网抢修指挥管理制度、标准、流程及技术支持功能应用规范的制定，负责公司配网抢修指挥工作的统计分析及监督、检查、考核、评价管理工作。

第五条　国网营销部负责配网抢修服务质量及停送电信息报送工作质量的监督、检查、考核、评价管理工作，远程终端及手机 APP 等手持终端的总体部署。

第六条　国网运维检修部负责现场配网抢修工作的监督、检查和考核管理。

第七条　国网客户服务中心负责受理客户故障报修诉求，填写、合并、派发工单，负责根据上报的停送电信息及时回复客户报修诉求。

第八条　省电力公司电力调度控制中心（以下简称省调）主要职责：

（1）负责贯彻落实公司配网抢修指挥管理制度、标准和流程，根据实际业务开展情况制定实施细则，指导地公司规范开展配网抢修指挥工作。

（2）负责对各地公司配网抢修指挥工作的监督、检查和考核，组织开展业务统计分析。

（3）负责专业管理范围内生产类停送电信息报送工作的监督、检查。

（4）协调开展配网抢修指挥技术支持功能建设工作。

第九条　省电力公司营销部主要职责：

（1）负责监督和考核本省 95598 客户服务工作质量和 95598 业务支撑工作质量。

（2）负责协调本省有关部门 95598 营销和生产信息的支撑工作。

（3）负责专业管理范围内生产类停送电信息报送工作的监督、检查。

第十条　省电力公司运维检修部主要职责：

（1）负责指导、监督和考核地公司配网故障抢修工作，协调解决故障抢修工作中的重大问题。

（2）负责专业管理范围内生产类停送电信息报送工作的监督、检查。

（3）协调开展配网抢修指挥技术支持功能建设工作。

第十一条　省电力公司客户服务中心主要职责：

（1）故障报修业务未上收单位客服中心负责受理本省故障报修业务，并负责工单派发、跟踪、督办、抽查、回复和回访工作。

（2）负责及时向省电力公司有关部门报送紧急及有可能引发舆情事件的故障报修。

（3）负责为省调控中心配网抢修及生产类停电信息的统计、分析工作提供支撑。

第十二条　地调主要职责：

（1）负责贯彻落实公司配网抢修指挥管理制度、标准、流程及省电力公司发布的实施细则。

（2）负责对各县公司配网抢修指挥工作的指导、检查和考核，组织开展业务统计分析。

（3）负责接收抢修类及生产类紧急非抢修工单、研判分析、通过系统合并、派发工单。

（4）负责审核抢修班组回填的工单，并将工单回复客服中心。

（5）负责专业管理范围内生产类停送电信息编译工作，汇总报送生产类停送电信息。

（6）负责配网抢修指挥业务统计分析及报送工作，定期发布抢修班组工作执行情况。

第十三条　地公司营销部主要职责：

（1）负责服务事件的协调处理。

（2）负责专业管理范围内生产类停送电信息编译、报送工作及通知高危、重要客户。

第十四条　地公司运维检修部（检修分公司）主要职责：

（1）负责组织开展、实施配网设备故障抢修。

（2）负责接收相关调控中心派发的工单，并在系统中及时填写抢修类及生产类紧急非抢修工单到达现场时间、故障原因、停电范围、停电区域、预计恢复时间、实际恢复送电时间等故障信息并完成流转。

（3）负责督导故障抢修物资、人员、车辆的管理工作。

（4）负责专业管理范围内生产类停送电信息编译、报送工作。

（5）负责进行故障抢修现场的解释。

第十五条　县调主要职责：

（1）负责贯彻落实公司配网抢修指挥管理制度、标准、流程及省电力公司发布的实施细则。

（2）负责接收抢修类及生产类紧急非抢修工单、研判分析、通过系统合并、派发工单。

（3）负责审核抢修班组回填的工单，并将工单回复客服中心。

（4）负责专业管理范围内生产类停送电信息编译工作，汇总报送生产类停送电信息。

（5）负责配网抢修指挥业务统计分析及报送工作，定期发布抢修班组工作执行情况。

第十六条　县公司营销部（客服中心）主要职责：

（1）负责服务事件的协调处理。

（2）负责专业管理范围内生产类停送电信息编译、报送工作。

第十七条 县公司运维检修部［检修（建设）工区、乡镇供电所］主要职责：

（1）负责组织开展、实施配网设备故障抢修。

（2）负责接收相关调控中心派发的工单，并在系统中及时填写抢修类及生产类紧急非抢修工单到达现场时间、故障原因、停电范围、停电区域、预计恢复时间、实际恢复送电时间等故障信息并完成流转。

（3）负责督导故障抢修物资、人员、车辆的管理工作。

（4）负责专业管理范围内生产类停送电信息编译、报送工作。

（5）负责进行故障抢修现场的解释。

第三章　配网抢修指挥基本要求

第十八条 配网抢修指挥人员配置应满足 7×24h 值班要求，保障及时处理工单，避免出现工单超时现象。配网抢修指挥席位设置应考虑应急需求，保证业务量激增时工作开展需求。

第十九条 地、县公司应在抢修班组部署远程终端或手持终端，实现配网抢修指挥班与抢修班之间的工单在线流转。

第二十条 现场抢修人员应服从配网抢修指挥人员的指挥，现场抢修驻点位置、抢修值班力量应设置合理。地、县公司运维检修部［检修（建设）工区］及时通报抢修驻点情况、抢修范围及联系方式等变化情况。

第二十一条 地、县公司应做好配网抢修指挥技术支持系统及网络通道的运行维护工作。

第四章　配网抢修指挥工单流转

第二十二条 客服中心直派地、县调的工单分为抢修类工单和生产类紧急非抢修工单。生产类紧急非抢修工单内容包括供电企业供电设施消缺、协助停电及低压计量装置故障。

第二十三条 配网抢修指挥主要包括工单接收、故障研判、派单指挥、回单审核、工单回复环节。工单处理流程图见附件 1。

（1）工单接收。地、县调接收到客服中心派发的工单后，对于符合有效派单条件的工单，进行故障研判及派单指挥；对于不符合有效派单条件的工单，退回至客服中心。

（2）故障研判及派单指挥。配网抢修指挥人员根据报修信息，利用已接入的技术支持系统，对配网故障进行研判，将工单合并或派发至相应的抢修班组。

（3）回单审核及工单回复。配网抢修指挥人员对抢修班组回填的工单进行完整性审核，判断信息完整的工单，回复客服中心；判断信息不完整的工单，退回至抢修班组补充填写。

第二十四条 客服中心发送的工单内容中派发区域、业务类型、客户联系方式等信息错误、缺失或无客户有效信息，无法进行有效派单的，配网抢修指挥人员应将工单进行回退处理。

第二十五条 地、县调应及时处理客服中心下发的抢修类工单，在接收到工单后 3min 内完成工单的派发或回退。

第二十六条 到达故障现场后，具备远程终端或手持终端的单位，抢修班组 5min 内将抵达现场时间录入系统；不具备条件的抢修班组 5min 内向本单位调控中心反馈，暂由调控中心代填。

第二十七条 抢修完毕后，具备远程终端或手持终端的单位，抢修班组 5min 内完成工单回填并发至本单位调控中心审核，调控中心 30min 内将审核完毕后的工单回复客服中心；不具备条件的由抢修班组 5min 内反馈调控中心，由调控中心 30min 内完成代填、审核并回复客服中心。

第二十八条 配网抢修指挥人员应跟踪故障处理进度，及时审核抢修班组回填的抢修工单中到达现场时间、抢修进程、抢修处理结果和故障原因分析等相关内容的完整性，对信息填写不完整的工单应回退抢修班组补充填写。

第五章 生产类停送电信息报送

第二十九条 地、县公司调控中心、运维检修部、营销部按照专业管理职责，开展生产类停送电信息编译工作，并对各自专业编译的停送电信息准确性负责。

第三十条 公用变压器以上设备计划停电、临时停电、故障停限电、超电网供电能力停限电应报送停送电信息。

第三十一条 地、县调通过配网抢修指挥技术支持系统汇总录入生产类停送电信息，汇总后报送相关客服中心。

第三十二条 计划类停送电信息，来源于检修单位提交的设备停电检修申请单，申请单应涵盖全部停送电信息报送内容，地、县公司运维检修部门应提前 9 天向相关调控中心提交设备停电检修申请单。

第三十三条 故障类停送电信息

（一）配电自动化系统覆盖的设备跳闸停电后，营配信息融合完成的单位，调控中心应在规定时限内向客服中心报送停电信息；营配信息融合未完成的单位，各部门按照专业管理职责 10min 内编译停电信息报调控中心，调控中心应在收到各部门报送的停电信息后 10min 内报客服中心。

（二）配电自动化系统未覆盖的设备跳闸停电后，应在抢修人员到达现场确认故障点后，各部门按照专业管理职责 10min 内编译停电信息报调控中心，调控中心应在收到各部门报送的停电信息后 10min 报客服中心。

第三十四条 临时停送电信息

临时性日前停电，营配信息融合完成的单位，调控中心应在 24h 内向客服中心报送停电信息；营配信息融合未完成的单位，地市、县供电企业各部门应按照专业管理职责 24h 内编译停电信息报调控中心，调控中心应在收到各部门报送的停电信息后 10min 内报客服中心。

其他临时停电，营配信息融合完成的单位，调控中心应在 1h 内向客服中心报送停电信息；营配信息融合完成的单位，地市、县供电企业各部门应按照专业管理职责 45min 内编译停电信息报调控中心，调控中心应在收到各部门报送的停电信息后的规定时限内报客服中心。

第三十五条 超电网供电能力停限电信息

超电网供电能力需停电时，原则上应提前报送停限电范围及停送电时间等信息，无法预判的停电拉路应按如下原则执行：营配信息融合完成的单位，调控中心应在停电拉路后规定时限内向客服中心报送停电信息；营配信息融合未完成的单位，地市、县供电企业各部门应按照专业管理职责在停电拉路后 10min 内编译停电信息报调控中心，调控中心应在收到各部门报送的停电信息后 5min 内报客服中心。调控中心收到现场送电汇报后 10min 内填写送电时间。

第三十六条 停送电信息内容发生变化后 10min 内，地市、县供电企业调控中心应向国网客服中心报送相关信息，并简述原因；若延迟送电，应至少提前 30min 向客服中心报送延迟送电原因及变更后的预计送电时间。

第三十七条 除临时故障停电外，停电原因消除送电后地市、县供电企业调控中心应在 10min 内向客服中心报送现场送电时间。

第三十八条 生产类停送电信息报送内容

（一）地、县公司调控中心、运维检修部根据各自设备管辖范围编译的生产类停送电信息应包含：供电单位、停电类型、停电区域（设备）、停电范围（高危及重要客户）、停送电信息状态、停电计划时间、停电原因、现场送电类型、停送电变更时间、现场送电时间等信息。

（二）地、县公司营销部在配合编译生产类停送电信息时，编译内容应包含：高危及重要客户、停送电信息发布渠道等信息。

第六章 统 计 评 价

第三十九条 各单位应加强配网抢修指挥业务管理，建立纵向贯通的配网抢修指挥业务评价指标，开展统计分析及评价考核。

第四十条 评价指标主要包括工单流转、抢修班组响应及技术支持系统运转等。统计评价参考指标见附件 2。

第四十一条 省调应定期统计发布管辖范围内地县调的配网抢修指挥业务指标，并上报国调中心。

第七章 附 则

第四十二条 本办法解释权属国家电力调度控制中心。

第四十三条 本办法自印发之日起执行。

附件1 抢修类工单处理流程图

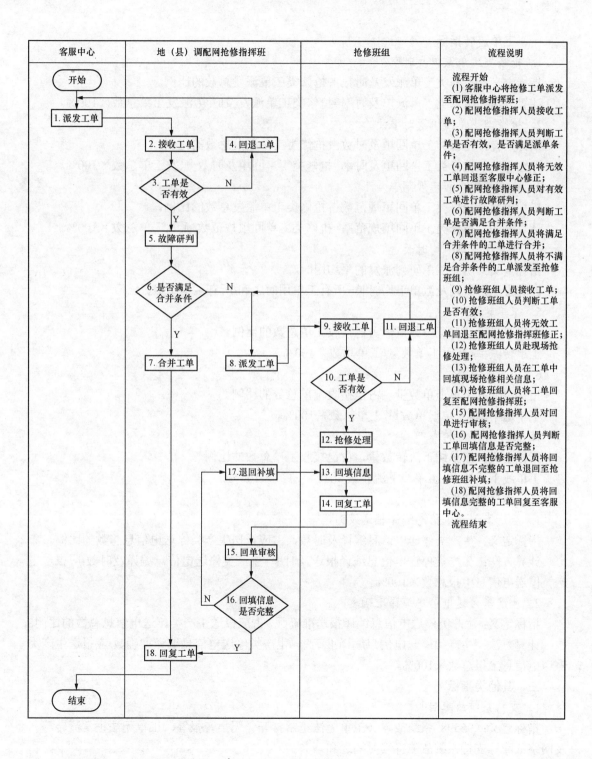

附件 2 统 计 评 价 参 考 指 标

一、工单流转指标

1. 抢修类工单派单及时率

指标定义：抢修类工单派发及时数占抢修类工单派发总数的比例。

计算方法：抢修类工单派单及时率=抢修类工单派发及时数/派发工单总数×100%。

2. 抢修类工单回填及时率

指标定义：抢修类工单回填及时数占抢修类工单派发总数的比例。

计算方法：抢修类工单回填及时率=抢修类工单回填及时数/派发工单总数×100%。

3. 抢修类工单回填规范率

指标定义：抢修类工单回填规范数占抢修类工单派发总数的比例。

计算方法：抢修类工单回填规范率=抢修类工单回填规范数/派发工单总数×100%。

4. 研判及派单平均时长

指标定义：所有工单研判派发的平均用时。

计算方法：研判及派单平均时长=所有工单用时之和/所有工单个数。

5. 工单转派率

指标定义：转派工单数量，占已接收工单总数的比例。

工单转派率=转派工单数量/工单总数×100%。

6. 工单退单率

指标定义：工单退单数量，占已接收工单总数的比例。

工单退单率=工单退单数量/工单总数×100%。

7. 工单线下流转率

指标定义：工单线下流转数量，占已接收工单总数的比例。

工单线下流转率=工单线下流转数量/工单总数×100%。

二、信息报送指标

1. 生产类停送电信息编译报送及时率

指标定义：生产类停送电信息编译及时数，占应报送生产类停送电信息总数的比例。

计算方法：生产类停送电信息编译报送及时率=生产类停送电信息编译及时数/应报送生产类停送电信息上报总数×100%。

2. 生产类停送电信息编译准确率

指标定义：生产类停送电信息编译报送准确数，占应报送生产类停送电信息总数的比例。

计算方法：生产类停送电信息编译准确率=生产类停送电信息编译准确数/应报送生产类停送电信息上报总数×100%。

三、其他类指标

1. 支持系统故障时长

指标定义：95598 系统故障（工单无法正常打开、无声音报警，工单无法正常流转等）及网络故障等支持系统故障持续时间之和。

支持系统故障时长=95598系统故障时长＋网络故障时长＋其他支持系统故障时长。

2. 未拦截工单数量

指标定义：正确报送停送电信息后，超出规定时间，客服中心未拦截工单总数。

未拦截工单数量=客服中心未拦截工单之和。

3. 工单处理最高效率

指标定义：统计一个月内，单位时间（60min）内每人处理工单的最大数量。

工单处理效率=60min处理工单数/上班人数。

工单处理最高效率=一个月中工单处理效率的最大值。

附录八　调配抢一体化反事故
无脚本应急演练

应急演练方案

一、演练目的

为贯彻落实上级关于迎峰度夏保供电要求和《关于进一步规范无脚本应急演练工作的通知》精神，保证迎峰度夏期间电网安全稳定运行和抢修指挥业务畅通，检验调控系统和配抢指挥系统各级人员面对电网突发事故的应变能力和协调处理能力，提升快速响应能力和优质服务水平，结合电网实际，特制定本方案。

二、演练时间

××年××月××日××：××。

三、天气情况

多云，局部地区午后有雷阵雨。

四、演练前电网其余设备均为全接线、全保护运行

（1）演练前通信系统运行方式。电网通信系统 SDH 传输网正常运行。

（2）演练当天电网保供电情况。中央广播大学全国计算机网络考试、无纸化考试保供电（××电大）。

（3）演练前配网抢修指挥平台。95598 系统、配网抢修指挥平台运行正常，各运维单位移动作业终端信息正常。

五、演练内容

1. 故障现象

（1）110kV××变电站××线、××线、××线保护动作，断路器跳闸，重合失败。

（2）各运维单位移动作业终端无法处理工单业务。

（3）市供（演练导演模拟）电话派单：95598用户报修，××社区有一配电变压器箱冒烟，并伴随着"吱吱"响，有安全隐患，请马上处理。××区块工单量突增，接派单人员接派单繁忙。

2. 故障原因

（1）10kV××线、××线、××线 1～2 号杆导线被广告彩带缠绕，导致短路跳闸，重合失败。

（2）移动作业终端系统升级，造成不能处理工单业务。

（3）市供将××公司工单错派至××公司，通过电话派单来协调。配电变压器箱冒烟是有人在配电变压器边焚烧杂物，配电变压器运行正常，不存在安全隐患。

六、演练方式及注意事项

（1）本次演练采取事先不通知的闭卷形式，调控运行班、配网抢修指挥班、通信信息班、变电运维班、变电检修班、各供电所只准现场模拟，不得实际操作，演练小组设现场拦截检

查点，演练中应有相应的记录和录音。

（2）参演人员通过演练电话与参演调控员、参演配网抢修指挥人员联系，值班人员通过值班电话与值班调控员、值班配网抢修指挥人员进行正常工作联系，现场监护人员要做好全过程监护。

（3）参演配网抢修指挥人员接到移动作业终端不能处理工单业务后，只通知××所改 24h 配网抢修指挥值班。参演配网抢修指挥人员接到市供电服务指挥中心（总导演模拟）电话派单后，电话转派单至××值班人员，××抢修人员赶赴现场处理。

（4）演练中遇到系统事故处理，由演练小组组长决定、总导演宣布是否停止演练。

七、演练组织

1. 公司应急演练领导小组

组　　长：××

副组长：××、××

成　　员：××、××、××相关专业人员若干

2. 总导演：××（联系方式：××）

主要职责：模拟演练地调、市供、用户、110 指挥中心等相关角色；指挥并控制演练事故发展进程，一旦遇到电网事故立即终止演练。

3. 正常值班人员及演练人员

值班人员：××、××、××，值班电话：××（调控）、××（配抢）；

参演人员：××、××、××，参演电话：××（调控）、××（配抢）；

演练监护人：××（联系方式：××）、××（联系方式：××）。

模拟事故概况

（1）××时××分，参演副值调控员报：110kV××变电站 10kV××线、××线、××线保护动作，断路器跳闸，重合失败。

（2）××时××分，110 指挥中心报：有居民反映××村一座变电站边现场电线冒火并有剧烈声响，附近很多人家没电，请尽快赶去核查。

（3）××时××分，应急指挥小组（总导演模拟）告：由于系统升级，目前移动作业终端无法处理工单业务。演练配网抢修指挥人员启动应急措施，通知各运维单位（实际××所）立即启动有人值班。

（4）××时××分，××电大（总导演模拟）报：目前正在进行中央广播大学全国计算机网络考试、无纸化考试，请尽快恢复送电。

（5）××时××分，市供电服务指挥中心（总导演模拟）电话派单：由于将××公司一起抢修工单派至××公司，目前采用电话派单。工单编号：***，故障地址：××省××市××县××镇××小区，受理内容：该处配电变压器箱冒烟，并伴随着吱吱响，有安全隐患，请马上处理，城乡类别：城市，联系电话：××，联系人：××。

（6）××时××分，配网抢修指挥人员汇报，现接派单繁忙，要求紧急增派接派单人员。如短时间内工单量继续大量增加，需上报市供电服务指挥中心。除紧急录入停电信息外，要求停电原因报备。

八、演练要求

（1）参演调控员应解××电网及上级电网的运行方式、保护配置及事故后保护动作情况，并与参演配网抢修指挥人员协同开展故障研判。

（2）参演配网抢修指挥人员应掌握故障停电信息发布、故障研判、启用应急模式通知、工单登记、电话派单、工单城乡类别提醒等业务。

（3）在得到相关参演人员关于故障情况汇报后，参演调控员应首先恢复失电变电站的站用电；并立即恢复保供电用户（××电大）。

（4）在事故处理告一段落后，参演调控员应及时汇报相关领导、通知有关单位和部门。

（5）整个演练过程中，所涉及的部门、单位和个人应对"故障"和"处置"做好详细的录音和记录，并使用移动视频监控设备。

（6）事故抢修中，应听从统一指挥和组织，以保证抢修工作顺利，车辆调动及时，人员迅速到位，准备就绪。整个演练过程中全部由演练总导演统一指挥，演练开始和结束均由总导演发布指令。

（7）接到启动应急模式后，相关供电所立即启动 24h 值班；接到抢修工单后，相关供电所应严格执行"三个电话"要求，并迅速赶赴现场处理。

（8）如遇到系统内发生事故，演练导演在得到演练领导小组同意后，通知所有参演人员中断应急演练活动，并迅速投入到实际事故处理中。

（9）演练宣布结束，恢复电网正常运行。

（10）线路送电后供电服务指挥中心配网监测人员要查看所有失电线路上的公变终端是否正常，主要仍为时钟和信号是否正常，时钟恢复没有数据的直接更换终端。确保所有公变、总保及时送电，无遗漏。

九、演练配网抢修指挥考查内容

1. 参演配网抢修指挥人员

（1）停电信息发布是否规范。及时与抢修人员进行沟通，第一时间了解故障停电范围、预计送电时间、故障处理进度等信息，及时处置故障抢修工单，及时准确地向国网客服中心发布故障停电信息，减少故障工单下派率，提高接派单及时率。

（2）启动应急模式后，是否及时通知和汇报。

（3）电话派单后，是否规范记录。

（4）工单城乡类别为"城市"时，是否做好提醒。

（5）抢修工单的审核把关是否严格。

（6）工单超接派单能力时，应急联动机制是否完善。应急工作人员是否保持 24h 手机畅通，随叫随到，确保应急工作准确到位。

2. 参演配网监测人员

（1）是否第一时间发现公变、总保失压或终端与主站无通信、疑似令克跌落，并及时汇报调控值班员和配网抢修指挥人员。

（2）线路复电后供电服务指挥中心配网监测人员是否及时查看所有失电过的线路上的公变终端是否正常。确保所有公变及时送电，无遗漏。

十、评价、总结

（1）汇总演练全过程中的记录、录音和有关考查材料。

（2）对应急演练做出评价。

（3）分析现状进行总结，找出存在的问题，制定措施和整改方案。

（4）对本次演练进行新闻报道。

应急演练备忘录

一、演练特点

本次演练是县级供电企业在"大运行"新业务模式下开展的无脚本应急演练，在传统的检验调控系统人员的基础上，增加配网抢修支持系统突发异常后，95598 用户报修以及配网抢修人员赶赴现场处理的实战演练，同时兼顾工单规范填写、现场知识考问和移动视频使用，突出演练的实效性和调配协同的处置能力。

二、演练时间

××年××月××日××。

三、演练场所

（1）领导观摩区设在公司××楼应急指挥中心会议室和县调大厅，采用移动视频投影的方式观摩。

（2）参演调控、参演抢修席位设在大厅后排三席，并以桌牌形式与正常值班人员明显区分，并配置专用的应用系统和通信设备。

四、演练人员和形式

（1）本次演练共设置×个故障，涉及主网故障变电站全停、配网线路故障、二次设备故障、通信系统故障、移动作业终端系统停运和 95598 用户报修。

（2）现场共设置×个拦截及考问点。×个在变电站、×个在老局门口、×个在居民小区。

（3）演练涉及单位：县调、变电运维、变电检修、运输队和×个供电所。

（4）本次演练采用模拟故障、真实到达现场、模拟操作、现场考问的形式进行。

五、配网抢修指挥职责

负责联系用户 95598 故障报修相关事宜；检查本次一体化反事故无脚本应急演练过程中，配网抢修指挥、配网监测是否按平时制定的应急联动机制应急处置，负责配网抢修业务演练评价报告撰写。

六、预控措施

（1）演练场所明显区分，并采用专用系统和通信设备。

（2）设专人监护和现场拦截人员，并要求监护人员和拦截人员提前到位。

（3）一旦电网发生真实故障，征得领导小组同意后，总导演立即宣布终止演练。

应急演练参考答案

一、事故汇报过程：

××时××分，参演副值调控员报：110kV××变电站 10kV××线、××线、××线保护动作，断路器跳闸，重合失败；并告知参演配网抢修指挥人员。

××时××分，参演配网监测人员报：10kV××线××公变、××总保失压或终端与主站无通信等多处告警，××线多处疑似令克跌落。

××时××分，110 指挥中心报：有居民反映××村一座变电站边现场电线冒火并有剧烈声响，附近很多人家没电，请尽快赶去核查。

××时××分，参演正值调控员通知××所：由于三回路同时跳闸，且有用户反映××变电站门口电线冒火有剧烈声响，优先赶赴××变电站门口巡线。

××时××分，演练总导演告：由于系统升级导致移动作业终端无法处理工单业务。

××时××分，参演配网抢修指挥人员汇报应急指挥小组，并启动应急措施，通知各运维单位（××所）立即启动有人值班，到达单位用座机汇报到达时间。

××时××分，参演副值调控员报：110kV××变电站10kV1号、3号电容器欠电压保护动作，开关跳闸；并告知参演配网抢修指挥人员停电变电所及跳闸线路条次。

××时××分，参演配网抢修指挥人员参照停电信息地址库录入故障停电信息，将供电单位、影响大致范围和停电原因报备内网联络群。报备格式：××公司因××（原因）导致×××（停电影响范围）停电，烦请向来电客户解释，谢谢！

××时××分，参演配网抢修指挥人员通知班长、落实备班人员，汇报主任。并告知现接派单繁忙，要求紧急增派接派单人员。如短时间内工单量继续大量增加，需上报市供电服务指挥中心。市供电服务指挥中心分管主任向客服四部申请启动应急故障派单，经四部部门主任同意后，由市供电服务指挥中心向国网客服中心提出"工单暂停下发"的申请。工单暂停下发期间国网客服中心每隔15min导出该时段此单位所有归档工单发送地市公司供电服务指挥中心。申请格式：××公司因××（原因）已出现工单超接派单能力，烦请暂停故障工单下发。

××时××分，参演配网抢修指挥人员在95598系统查询停电信息编号和停电区域，并电话汇报市供电服务指挥中心（总导演模拟）。

××时××分，××电大（由导演代替）报：目前正在进行中央广播大学全国计算机网络考试、无纸化考试，请尽快恢复送电。

××时××分，市供电服务指挥中心（由导演代替）电话派单：由于将××公司一起抢修工单派至××公司，目前采用电话派单。工单编号：***，故障地址：××省××市××县××镇××小区三期，受理内容：该处配电变压器箱冒烟，并伴随着吱吱响，有安全隐患，请马上处理。城乡类别：城市，联系电话：××时××分，联系人：××女士。

××时××分，参演配网抢修指挥人员做好记录，并电话通知××所该工单信息，并告知需要电话汇报处理过程及结果。

××时××分，××所××汇报抢修完毕，故障类型、故障原因、处理结果。

××时××分，电话汇报市供电服务指挥中心工单处理情况，及要求解除故障报备。

××时××分，按照故障工单清单逐一联系客户（模拟），确认现场是否恢复供电。若已有电，则在清单中做好记录，记录内容为"联系客户已有电"；若无电，则按照规定开展现场抢修工作，抢修结束，将现场处理情况在清单中做好记录。每隔3h将清单（其中正在抢修的，需在"处理情况"中注明"处理中"）反馈市供电服务指挥中心（模拟）。由市供电服务指挥中心审核、汇总后，每隔4h反馈国网客服中心一次（模拟）。

二、事故处理思路

（1）通知××所对××线、××线、××线事故地面巡线，并根据110指挥中心的报修，优先赶赴××变电站门口。

（2）当所有单位移动作业终端均无法处理工单时，启动应急措施，安排供电所24h值班（实际只模拟××所），到达单位后用固定电话汇报。

（3）当得知工单责任区域派错后，配网抢修指挥人员通过电话形式转派工单，××所联系用户后，赶赴××小区现场处理。

（4）线路复电后由供电服务指挥中心配网监测人员要查看所有失电过的线路上的公变终端是否正常。确保所有公变及时送电，无遗漏。

（5）按照故障工单清单逐一联系客户，确认现场是否恢复供电。若已有电，则在清单中做好记录，记录内容为"联系客户已有电"；若无电，则按照规定开展现场抢修工作，抢修结束，将现场处理情况在清单中做好记录。每隔 3h 将清单（其中正在抢修的，需在"处理情况"中注明"处理中"）反馈市供电服务指挥中心。由市供电服务指挥中心审核、汇总后，每隔 4h 反馈国网客服中心一次。

三、现场抢修人员现场检查及拷问

××小区××所抢修人员

调度通知时间：　　　　　　　　　到达时间：

拦截点：××小区大门　　　　　　拦截人员：

1. 现场检查内容

（1）接到事故命令赶赴现场是否及时。

（2）着装是否规范。

（3）携带的操作工具等是否完备、是否符合要求。

（4）接到工单后是否立即拨打用户电话，确认故障信息。

（5）到达现场时间是否在 45min 内。

（6）服务用语是否规范。

（7）抢修完毕后是否与报修用户电话确认，工单填写是否规范，是否答复客户的诉求。

2. 现场提问内容

（1）如何管理自动生成的故障停电信息？

答：在拓扑录入计划和故障停电信息时，务必删除系统自动生成的停电区域，并采用手工录入停电地理区域，停电区域中严禁出现涉及设备名称的字样，如：台区、变压器、1 号线和线路名称等信息。

（2）送电信息如何闭环管理？

答：故障停电在工作结束后，务必 10min 内完成送电信息反馈。

（3）工单的处理记录如何填写？

答：工单回复记录：××镇××小区抢修工单回复内容：【紧急非停电】××月××日××时，由××单位××班××赶赴现场抢修，经查××点××分工单反映配电变压器箱冒烟，并伴随着吱吱响的情况，现场查看并未出现冒烟和"吱吱"响，不存在安全隐患，变压器运行正常，已于××月××日将处理结果告知客户（联系电话），客户表示认可，处理人：××。

附录九　配网抢修指挥业务劳动竞赛方案

为进一步提升县电力调度控制分中心（供电服务指挥分中心）（以下简称县调）对外服务客户、对内运营管控的能力，实现人员配置更加合理，制度标准更加规范，业务流程更加完善，系统应用更加深入的目标，引导员工主动学习、主动思考、主动研究、主动成才，营造比学赶超的良好氛围，经公司研究决定，在公司范围内开展供电服务指挥劳动竞赛。

一、组织机构及职责

（一）成立劳动竞赛小组

组长：×××；

副组长：××、××、××；

组员：××、××、××、××、××。

（二）工作职责

省电力调控中心：负责制订劳动竞赛工作方案，细化评价指标和评价办法，确保竞赛活动有序开展。

省公司人力资源部：受劳动竞赛小组委托，负责培训业务指导和奖励实施。

地市公司：负责制订劳动竞赛工作实施方案，细化评价指标和评价办法，确保竞赛活动有序开展。

县公司：负责执行劳动竞赛方案。

二、比赛时间

××年××月××日。

三、参加对象

县电力调度控制分中心（供电服务指挥分中心）。

四、竞赛形式

以供电服务指挥中心"业务规范化、管理精益化、人员专业化、系统实用化、协同高效化"为目标，通过开展供电服务指挥劳动竞赛，促进地市公司供电服务指挥中心良性发展。劳动竞赛由考察评比的方式开展，分为标杆单位、优秀班组和先进个人。通过标杆单位、领先型班组、先进个人的评选，弘扬工匠精神，充分调动岗位职工积极性和创造力，加强复合型、全能型人员队伍培养，将竞赛和员工绩效考核、职业发展有机结合，形成以能力和业绩为导向的职工发展晋升机制。

五、供电服务指挥评价体系

供电服务指挥"标杆单位"和"领先型班组"是指达到业务规范化、管理精益化、人员专业化、系统实用化、协同高效化，"五化"要求的供电服务指挥中心和班组。

竞赛成绩由县公司自评和地市公司评估两部分组成，评分标准参照《供电服务指挥标杆单位评价标准》（详见附件1）、《供电服务指挥劳动竞赛"优秀班组"评价细则》（详见附件2）。

六、工作要求

（1）加强组织领导。各单位要提高认识，立足实际，全面动员，明确工会和运检、营销和调度等相关部门责任分工，精心策划，制订劳动竞赛实施方案，细化评价指标和评价办法，确保竞赛活动有序开展，取得实效。

（2）促进人才队伍成长。要把供电服务指挥劳动竞赛作为融合营配调，促进供电服务能力提升的重要手段，以赛促练，广泛开展职业技能培训和岗位练兵活动，激发员工热情和创造力，培养"一专多能"型人才队伍。

（3）及时开展总结评价。各单位要及时总结提炼劳动竞赛中涌现的好做法、好成果和好经验，查找问题与不足，提出应对措施，为深入竞赛开展营造良好氛围，保障竞赛活动有序开展。

七、竞赛奖项

本次竞赛共设置"标杆单位""优秀班组"和"先进个人"奖项。

（1）按照评分结果排名，评选"优秀班组"**个。

（2）按照评优结果，评选"先进个人"**名。

附件 1　　　　　　　　　　**《供电服务指挥标杆单位评价标准》**

附件：供电服务指挥标杆单位评价标准（征求意见稿）

序号	评价大类	评价内容	评价方法与评价标准	标准分
1	中心综合管理（5分）	供电服务指挥中心应以"信息集成"和"专业协同"作为业务开展的两条主线，有效汇集各专业系统数据，提升大数据挖掘分析能力，不断探索营配调业务协同模式，高效配置服务指挥资源，压缩管理链条，提升管控效率，全面支撑专业部门开展各项业务。中心党政工团建制齐全，制定中心绩效考核实施细则，考核范围覆盖中心所有班组和人员；制定中心班组管理细则，涵盖班组日常管理、岗位职责、业务流程、值班和交接班制度等内容；制定中心应急处置办法，针对恶劣天气、大范围停电，系统和网络故障，中心断电等紧急情况明确应急预案，定期开展应急演练；制定中心安全管理职责，明确班组和人员安全责任，涵盖消防应急、网络安全等内容；开展中心员工技能培训和安全教育	中心党政工团建制不全不得分	1
2			未制定绩效考核细则不得分，考核范围未覆盖所有班组和人员扣0.5分	1
3			未制定中心班组管理细则不得分，内容不全面扣0.5分。未制定有各班组工作职责的扣0.5分	1
4			未制定中心应急处置办法不得分，内容不全面扣0.5分；未开展应急演练扣0.5分	1
5			未制定中心安全管理职责不得分，内容不全面扣0.5分，未开展岗位培训扣1分	1
6	营配调协同（15分）	业务优化：整合运检、营销、调度等专业指挥资源促进专业协同和业务融合，精简和优化主要业务流程与作业程序，压缩管理和服务链条，精简流程节点	核查相关流程和制度，每优化重塑1项业务流程，实现管理和服务链条压缩、业务融合、管理协同的，每项得2分，得满12分为止	12
7		客户响应机制：建立以客户为中心的服务机制，提高快速响应客户需求能力，建立集营配调资源调动和业务运转于一体的供电服务指挥平台，实现"一口对外、分工协作、内转外不转"	核查相关协同工单，对没有实现资源集中调配的跨部门工单或业务，每起扣0.5分，扣完为止	3
8	配电运营管控（10分）	配网设备监测：实时监测设备重过载、电压异常、三相不平衡等数据，对配网一、二次设备运行情况和配网停运状态进行监控，将相关运行情况数据进行汇总、分析，形成预警工单或主动检（抢）修工单	核查监测日、周、月报、专项分析报告和预警、督办工单。监测日、周、月报和专项分析报告完整，监测数据准确，专项报告质量高，对预警工单和督办工单进行闭环管理。监测日、周、月报、专项报告缺失，或监测报告质量不高，每项扣1分。工单未闭环管理，扣1分。扣完为止	3

续表

附件：供电服务指挥标杆单位评价标准（征求意见稿）

序号	评价大类	评价内容	评价方法与评价标准	标准分
9	配电运营管控（10分）	配电运维和检修计划执行管控：对各类设备运维巡视、检修处（消）缺等计划执行情况进行管控，跟踪分析业务全过程，开展停电计划平衡和时户数预算管控，对于时户数超预算和单条计划超150时户数及时预警和履行分级审批手续，临、超期等情况及时预警和督办	未承担并开展计划平衡管控此项不得分。核查计划平衡记录、时户数审批管控记录，巡视计划和带电检测计划表和跟踪评价记录。计划平衡记录、时户数预算及审批管控资料、巡视计划、带电计划和跟踪评价记录完整。平衡记录、时户数预算、审批和管控记录缺失，计划有遗漏、跟踪评价记录缺失，每项扣1分。扣完为止	3
10		运行环境风险评估和预警：支撑专业部门根据配网历史运行数据，结合季节、气象情况，应用大数据分析技术，对配电设备现场风险（低洼、防汛滞洪、雷区、污区、鸟害、鱼池、重要交跨、山火、线下违章、外力隐患点、树害等）进行评估，发布相关的评估报告及预警，开展差异化运维工作	运行环境风险评估报告和预警记录。开展运行环境风险评估，评估方法准确合理，记录完整，预警及时，闭环管控。未开展评估、预警、管控每项扣1分，评估方法不当、内容不全扣0.5~1分。扣完为止	2
11		运行设备风险评估和预警：根据配网设备负荷，电能质量等运行情况，结合设备巡视检修、缺陷隐患及家族性缺陷，对设备运行风险进行大数据、多维度分析及预警，协助专业部门开展差异化运维	配电线路过载、重载治理情况，公变过重载、低电压未开展分析，每项扣1分，未开展跟踪督办每项扣1分；查询各类业务系统和缺陷统计资料。缺陷进度未跟踪，每项扣1分；缺陷未及时消缺且未进行管控，每项扣1分。扣完为止	2
12	配网调度控制（10分）	配网调控运行：负责配网调控运行，直接调度管辖城区10~35kV配网；负责管辖范围内配网运行信号监视、设备遥控、电压调整和异常、故障处置；参与新（扩、改）建站所及设备的保护传动、遥控对点工作。负责接受上级调控机构的调控指挥和调控管理，执行其下达的年、月、周调度计划和新设备启动调试调度方案。负责调度管辖范围内设备的倒闸操作，提前调整运行方式，落实风险防控措施，下达倒闸操作指令，办理计划停送电、临时停送电工作调度开竣工手续	开展调度、监控、运方、继保和配电自动化五大业务，按省调规开展正分线调度，分布式电源纳入调度管理。发生误操作事故本项不得分；业务未落实在中心内每项扣1分。扣完为止	3
13		停送电信息报送管理：负责研判停电影响范围，形成停电影响用户清单，并报送至国网客服中心；负责对影响户数较多、未按时送电的停电信息进行预警督办；负责开展重复停电和停电计划执行情况分析并进行预警督办	对中压故障停电信息进行发布和闭环，对即将超计划送电时间的计划停电信息进行预警，对计划、故障停电信息规范性进行核查。业务未开展不得分，对停电信息未开展管控扣1分	2
14		配网抢修指挥：运用公专变终端监测系统和自动化主站、在线监测装置，开展10kV线路故障区域分析、故障快速隔离和抢修指挥业务；负责接收国网客户服务中心、12398电力监管热线、12345市民服务热线等内外部多种渠道派发的抢修类工单，对抢修类工单进行分析研判、派单指挥、回复审核、跟踪督办	未开展10kV线路故障区域分析、故障快速隔离和抢修指挥业务每项扣1分	3
15		配网调控指标管控：支撑专业部门开展配网关键指标的跟踪、分析和管控，重点管控五个零时差合格率、OMS使用率等指标，针对指标异动情况进行预警和督办，实现关键指标的全过程管控	核查指标管控记录和预警督办情况，记录缺失每项扣0.5分。扣完为止	2

附件：供电服务指挥标杆单位评价标准（征求意见稿）

序号	评价大类	评价内容	评价方法与评价标准	标准分
16		非抢修工单处置：统一接收国网客服中心、12398监管热线、当地媒体、政府部门、社会联动或上级部门等全渠道客户非抢修类诉求信息，处理业务咨询、信息查询、服务投诉等客户服务事件。在业务管理考核规定时限内向相关责任部门和责任人派发处理工单。针对社会舆情强烈关注、人身安全及重要用户用电体验受到严重影响等需服务升级、应急处理的工单，通过短信或工单等方式报送给相应的管理人员。全过程监控工单的处理进度和质量，对临、超期的工单进行多级预警、督办，负责审核、评价责任部门工单回复内容的合理性、准确性，对不符合要求的将退回重新办理	核查相关记录是否齐全，记录缺失每项扣0.5分。扣完为止	2
17	客户服务指挥（12分）	"互联网＋"线上业务办理：对接营销业务应用系统，接收客户在"网上国网"APP、95598智能互动网站等电子渠道提交的各类办电申请信息，为企业和个人客户提供业扩报装及使用过程中业务变更服务，对线上办电申请信息的完整性、准确性、属实性进行审核，按营业受理规范发起营销系统流程，通过优化线上提交需求申请、缺件告知补录、自助预约服务等方式，监控"网上国网"APP、95598智能互动网站等线上办电渠道的业务受理与办理情况，内部多部门协同环节和移动作业应用情况，实现线上实时流转，减少客户临柜次数，实现业务办理"最多跑一次"	未按要求开展线上业务此项不得分	2
18		现场服务预约：负责与客户预约现场服务时间，根据客户申请要求及班组工作承载力，分配工单到相应现场服务班组。通过手机消息推送、短信告知、移动作业终端等形式将预约时间、现场工作等信息发送给客户及相应现场服务人员，跟踪现场服务班组及人员的达到及工作完成时间，跟踪服务的响应速度、服务态度、服务质量，在服务结束后向客户进行服务结果的告知确认，对存在的问题开展内部的协调处置	未按要求开展现场服务预约扣1分/项；未开展班组承载力分析扣1分；扣完为止	2
19		业扩全流程实时管控：负责依托业扩全流程实时管控平台进行电网资源信息公开、供电方案备案会签、接入电网受限整改、电网配套工程建设、停（送）电计划安排等线上协同流转环节的实时预警、协调催办；负责监控高压新装与增容平均办电时间，以及供电方案答复、设计文件审核、中间检查、竣工检验、装表接电环节的时长；负责监控结存情况、永久减容销户情况和变化趋势，暂停及暂停恢复的用户及容量构成情况和变化趋势；负责监控高压业扩时间异常情况；负责分析新装、增容、减容、暂停等业务的客户满意度、不满意原因、定位影响客户体验的主要问题；负责分析高压新装、增容业务整体平均时长变化趋势，内部协	未开展高、低压业扩回访业务，不得分；未按要求开展高、低压业扩回访业务，扣1分；扣完为止	2

续表

附录：供电服务指挥标杆单位评价标准（征求意见稿）

序号	评价大类	评价内容	评价方法与评价标准	标准分
19		同情况，配套工程执行进度，评价业务成效，挖掘影响工作效率的主要环节和因素；负责分析高压新装、增容和减容销户情况，掌握新装增容、减容销户的用户及容量构成情况和变化趋势	未开展高、低压业扩回访业务，不得分；未按要求开展高、低压业扩回访业务，扣1分；扣完为止	2
20	客户服务指挥（12分）	95598 知识库维护：负责组织与供电服务指挥有关的 95598 知识库知识点补充无或变更新的采集，审核，并提交上级客服中心	每发生一起知识库信息报送不及时或信息错误的工单扣 0.5 分；扣完为止	1
21		重要服务事项报备：按照《国网营销部关于95598 重要服务事项管理的规定》要求完成重要服务事项及时报送重大服务事件，分类统计汇总	未及时上报重要服务事项，每发生一起扣1分；未按国网要求及时报送重大服务事件，每发生一起每起扣 0.5 分；扣完为止	1
22		客户服务指标管控：支撑专业部门开展配网关键指标的跟踪，分析和管控，重点管控线上电压逐透率、线上缴费应用率，业扩时限达标率等指标，针对指标异动情况进行预警和督办，实现关键指标的全过程管控	未开展异动指标的预警和督办，每查到一起每起扣 0.5 分，扣完为止	2
23	服务质量监督（6分）	服务事件稽查监督：全面监控供电服务核心业务、关键数据，重要数据、服务质量、数据质量及数据安全稽查与监控。负责供电服务、业务办理、95598 工单处理，指标数据达标率、鉴证业务开展成效，对异常访发现优质问题，全渠道业务满意度等管控。定期形成供电优质问题分析月报。对明察暗访发现的典型问题，全渠道业务异常数据、业务处理出现的典型及其他需要督办事项，形成供电服务分析及质量需求清单，下发至责任单位，督办整改措施落实及销号	查阅分析月报，督办单和问题销号闭环制度，每发生一起每起扣 0.5 分，扣完为止	3
24		供电服务关键指标分析：客户投诉率、客户满意度、"互联网+"线上受理率、业扩服务时限达标率、95598 工单处理及时率、平均抢修时长，配电缺陷消除及时率等供电服务关键指标，跟踪指标的走势，鉴定业务开展成效，分析和发现，辅助发现薄弱项指标，并对指标异常情况进行专题分析和研究，实现各类指标全过程管控	核查中心日、周、月报、专项分析报告，未对配电指标开展分析不得分，分析报告不完整每项扣 1 分	3
25	营配调技术支持（10分）	配电自动化主站系统运维：负责配电自动化主站系统日常运维工作，配合开展设备新投异动和配网专题图管控，开展配电自动化系统运行指标统计、分析和发布，配合相关职能部门开展配电自动化主站系统应用需求收集和培训宣贯工作	未开展配电自动化应用此项不得分。开展配网图数据管控，配电自动化覆盖度遥控使用管控：自动化应用实用化：业务未开展每项扣 0.5 分，扣完为止	3
26		供电服务指挥系统应用推广：配合上级单位开展供电服务指挥系统的现场建设部署和日常运维工作，收集汇总系统应用问题和深化拓展系统需求，配合开展系统培训和现场指导	对供电服务指挥系统各功能模块使用较为熟练，能有效支撑中心各项业务开展。人员使用不熟练每项扣 1 分/次，扣完为止	2

续表

附件：供电服务指挥标杆单位评价标准（征求意见稿）

序号	评价大类	评价内容	评价方法与评价标准	标准分
27	营配调技术支持（10分）	营配调数据质量稽查及管控：针对营配调基础数据质量，监测配网调度控制、停电分析到户、故障主动研判及服务指挥过程中发现的设备台账错误、拓扑关系错误、设备参数错误、采集数据错误等情况，接受国网客服中心派发营配基础数据核查工单，发送稽查工单至相关部门、班组进行闭环处理与整改督办。建立营配调基础数据质量验证机制，持续改善营配调基础数据质量	开展营配调基础数据质量稽查和管控工作，发送稽查工单并完成数据督办闭环的，每开展一次得0.5分，得满5分为止	5
28	客户服务指挥运营成效（14分）	每百万户业扩投诉	数据来源：95598系统； 计算公式：业扩类投诉=本单位业扩投诉数/营业百万户数（营业投诉-业扩报装-业扩超时限；营业投诉-业扩报装-环节处理不当） 评价方法：五分位法	2
29		95598工单满意率	数据来源：95598系统； 计算公式：回访满意率=1-（本单位当期全业务回访不满意工单数/本单位当期满意度调查总数） 评价方法：达到99.50%及以上得2分；每下降0.01个百分比，得分减0.05分	1
30		95598工单质量	数据来源：供电服务评价月度数据； 计算公式：=[1-（全口径受理工单省内回单确认退单数＋南中心核查应退未退数＋省内自查应退未退数＋全口径接单超时通报数＋故障到达现场超时通报数＋非故障省内处理超时数）/全口径受理工单数]×100% 评价方法：五分位法	1
31		10（20）kV业扩全流程时长达标率	数据来源：营销业务应用系统、业扩报装全流程信息公开与实时管控平台 计算公式：10（20）kV流程时长达标率=流程时长达标的已归档10（20）kV业扩新装、增容流程数/已归档的10（20）kV业扩新装、增容流程数总和×100%。10（20）kV业扩新装、增容流程时长不大于80天 评价方法：五分位法	3
32		380V业扩全流程时长达标率	数据来源：营销业务应用系统、业扩报装全流程信息公开与实时管控平台 计算公式：380V流程时长达标率=流程时长达标的已归档380V业扩新装、增容流程数/已归档的380V业扩新装、增容流程数总和×100%。380V业扩新装、增容流程时长不大于30天 评价方法：五分位法	3
33		高压线上办电率	数据来源：营销业务应用系统； 计算公式：高压线上办电率=高压线上办电有效工单数/营销业务应用系统高压受理工单数×100%	2

续表

附件：供电服务指挥标杆单位评价标准（征求意见稿）

序号	评价大类	评价内容	评价方法与评价标准	标准分
33	客户服务指挥运营成效（14分）	高压线上办电率	评价方法：高压线上办电率目标值 1-2 季度 85%（含）以上，3-4 季度 95%（含）以上，完成目标值得分 100%，完成值比目标值每低 0.1%，得分扣 0.1 分	
34		低压线上办电率	数据来源：营销业务应用系统； 计算公式：低压线上办电率=低压线上办电有效工单数/营销业务应用系统低压受理工单数×100% 评价方法：低压线上办电率目标值 1-2 季度 40%（含）以上，3-4 季度 50%（含）以上，完成目标值得分 100%，完成值比目标值每低 0.1%，得分扣 0.1 分	2
35		每百万户频繁停电投诉	数据来源：95598 系统； 计算公式：频繁停电类投诉=本单位频繁停电投诉数/营业百万户数 评价方法：五分位法	2
36		中压用户年平均停电时长	数据来源：供电服务指挥平台； 计算公式：中压用户年平均停电时长=中压用户年停电时长/中压用户数 评价方法：五分位法	2
37	配电运营指挥成效（18分）	配网停电管控指数	配网停电管控指数=0.3×中压线路主线停运两次及以上比率＋0.3×超 300 时户数的停电计划条数＋0.4×频繁停电台区占比 其中：1.中压线路主线停运两次及以上比率=中压线路主线停运两次及以上数/中压线路数×100%；2.频繁停电台区占比=频繁停电台区/总台区数×100%；3.数据来源：供电服务指挥平台；4.按五分位法计算子项和总分	3
38		停电信息规范率	数据来源：供电服务评价月度数据； 计算公式：停电信息规范率=（1-停电不合格数/发布停电信息总数）×100% 评价方法：五分位法	1
39		停送电零时差合格率	数据来源：供电服务指挥平台； 计算公式：停送电零时差合格率=停送电零时差合格数/计划执行条数×100% 评价方法：五分位法	1
40		每万户故障报修工单数	数据来源：PMS2.0； 计算公式：每万户故障工单数=95598 故障报修工单总数/低压营业万户数 评价方法：五分位法	2
41		抢修 APP 终端接单率	数据来源：PMS2.0； 计算公式：抢修 APP 终端接单率=APP 接单数/95598 故障报修工单数（剔除系统原因引起的异常工单数） 评价方法：达到 99.70%及以上得 1 分；每下降 0.05 个百分比，得分减 0.2 分	1

附件：供电服务指挥标杆单位评价标准（征求意见稿）

序号	评价大类	评价内容	评价方法与评价标准	标准分
42	配电运营指挥成效（18分）	自动化运维指数	数据来源：供电服务指挥平台； 计算公式：（1）自动化运维指数（具备开关远程遥控能力的单位）=0.2×基础数据正确率＋0.2×终端在线率＋0.3×遥控使用率＋0.3×计划停电信息终端报送正确率 （2）自动化运维指数（不具备开关远程遥控能力的单位）=0.3×基础数据正确率＋0.3×终端在线率＋0.4×计划停电信息终端报送正确率 评价方法：五分位法	2
43		供电服务指挥系统应用指数	数据来源：供电服务指挥平台； 计算公式：供电服务指挥系统应用指数=0.1×系统登录率＋0.2×主动抢修应用率＋0.2 配网信息监测中心应用率＋0.5×管控平台完善贡献率 评价方法：五分位法	2
44		配网设备运行指数	配网设备运行指数=0.4×线路重载率＋0.4×公变重载率＋0.2×公变低电压率 其中：1.线路重过载率=线路重过载条数/线路总条数×100%；2.公变重过载率=公变重过载台数/公变总台数×100%；3.公变低电压率=公变低电压台数/公变总台数×100%；4.数据来源：供电服务指挥平台；5.按五分位法计算子项和总分	2

附件 2　　　　　《供电服务指挥劳动竞赛"优秀班组"评价细则》

供电服务指挥劳动竞赛"优秀班组"评价细则（抢修指挥班）

序号	评价内容	评 价 标 准	标准分
1	班组设置（40分）	1.1　严格按照国网公司、省公司要求设置配网抢修指挥班，并设置配网抢修指挥管理岗位；分管领导、技术员、班长职责清晰，岗位制度明确	5
		1.2　班组长、技术员及抢修指挥班人数应按国网公司、省公司定员标准配置到位；值班人员满足 7×24h 值班要求；有备班人员储备相应加分	30
		1.3　明确岗位职责及工作标准，明确交接班及日常工作管理要求，建立配网抢修指挥与配网调度间的沟通协调机制	5
2	业务开展（50分）	2.1　严格执行工单接收、故障研判、派单指挥、回单审核、工单回复等业务环节的抢修指挥工作流程	5
		2.2　严格执行主动工单故障研判、派单、回单审核、工单回复等业务环节的抢修指挥工作流程	5
		2.3　建立业务分析体系，制定分析指标。是否制作抢修指挥业务的日报、周报、月报。结合国网各项服务指标，制定配网抢修指挥业务评价考核指标；建立全市定期会商制度	5
		2.4　针对每一起不合格现象及时做出预警工作，逐条分析产生原因及解决措施，提高工作质量和效率	5
		2.5　系统应用熟练程度；班组与调度运行业务贯通情况；班组与营销业务（数据）贯通情况；班组与运检业务（数据）贯通情况	10

续表

供电服务指挥劳动竞赛"优秀班组"评价细则（抢修指挥班）

序号	评价内容	评价标准	标准分
2	业务开展（50分）	2.6 95598工单接、派单及时性：接到报修工单后3min内及时接单派单	2
		2.7 主动抢修工单派单及时性：接到报修工单后30min内及时派单	3
		2.8 停电信息报送及时性：计划停电提前7天、临时停电提前24h录入	5
		2.9 停电信息报送规范性：信息准确、内容无遗漏	5
		2.10 抢修工单填报规范性：95598抢修工单、主动工单内容填报规范性	5
3	创新争优（10分）	3.1 在管理创新、技术创新、数据挖掘等方面开展调控专业创新创效活动，并取得显著成效	5
		3.2 在竞赛比武、QC活动、合理化建议等方面开展争优创先活动，显著提高个人技能水平与班组管理水平；积极承担省公司重点工作，自创的亮点工作及特色做法在全省推广，或行文入选、入围省公司典型经验	5
总分			100

供电服务指挥劳动竞赛"优秀班组"评价细则（配网调控班）

序号	评价内容	评价标准	标准分
1	班组设置（40分）	1.1 按照省公司有关规定的要求，设立班组，配齐班组人员。配网调控值班场所相对独立。执行五值三班值班制度	20
		1.2 班组岗位设置合理，职责明确，分工清晰，并有对班组和工作岗位的考核办法。调控员持证上岗	20
2	业务开展（40分）	2.1 按省公司发布《浙江省电力系统县（配）调度控制管理规程》开展调度业务	8
		2.2 配网调控班业务包主要含调度、监控专业	8
		2.3 制定调度核心业务工作流程，运行流畅	8
		2.4 规范调控员培训机制，定期开展反事故演习等培训	8
		2.5 对关辖范围的调度对象开展业务培训	8
3	创新争优（20分）	3.1 大力开展班组"争优"活动，增强班组的凝聚力、创造力、执行力，班组工作效率显著提高，自主管理水平明显提升	10
		3.2 提高创新技能，立足岗位创新，开展合理化建议等，着力提高班组成员的学习能力、创新能力和竞争能力，增强班组的凝聚力、创造力、执行力，班组工作效率显著提高，自主管理水平明显提升	10
总分			100

供电服务指挥劳动竞赛"优秀班组"评价细则（配网监测班）

序号	评价内容	评价标准	标准分
1	班组设置（40分）	1.1 按照省公司有关规定的要求，设立班组，配齐班组人员	20
		1.2 班组岗位设置合理，职责明确，分工清晰，并有对班组和工作岗位的考核办法	20
2	业务开展（40分）	2.1 实时监测设备重过载、电压异常、三相不平衡等数据，对配网一、二次设备运行情况和配网停运状态进行监控，将相关运行情况数据进行汇总、分析，形成预警工单或主动检（抢）修工单	10

供电服务指挥劳动竞赛"优秀班组"评价细则（配网监测班）

序号	评价内容	评价标准	标准分
2	业务开展（40分）	2.2　对各类设备运维巡视、检修处（消）缺等计划执行情况进行管控，跟踪分析业务全过程，开展停电计划平衡和时户数预算管控，对于时户数超预算和单条大时户数及时预警和履行分级审批手续，临、超期等情况及时预警和督办	10
		2.3　支撑专业部门根据配网历史运行数据，结合季节、气象情况，应用大数据分析技术，对配电设备现场风险（低洼、防汛滞洪、雷区、污区、鸟害、鱼池、重要交跨、山火、线下违章、外力隐患点、树害等）进行评估，发布相关的评估报告及预警，协助专业部门开展差异化运维工作	10
		2.4　针对营配调基础数据质量，监测配网调度控制、停电分析到户、故障主动研判及服务指挥过程中发现的设备台账错误、拓扑关系错误、设备参数错误、采集数据错误等情况，接受国网客服中心派发营配基础数据校核工单，发送稽查工单至相关部门、班组进行闭环处理与整改督办。建立营配调基础数据质量验证机制，持续改善营配调基础数据质量	10
3	创新争优（20分）	3.1　大力开展班组"争优"活动，增强班组的凝聚力、创造力、执行力，班组工作效率显著提高，自主管理水平明显提升	10
		3.2　提高创新技能，立足岗位创新，开展合理化建议等，着力提高班组成员的学习能力、创新能力和竞争能力，增强班组的凝聚力、创造力、执行力，班组工作效率显著提高，自主管理水平明显提升	10
总分			100

供电服务指挥劳动竞赛"优秀班组"评价细则（服务调度班）

序号	评价内容	评价标准	标准分
1	班组设置（40分）	1.1　按照省公司有关规定的要求，设立班组，配齐班组人员	20
		1.2　班组岗位设置合理，职责明确，分工清晰，并有对班组和工作岗位的考核办法	20
2	业务开展（40分）	2.1　按照业务时限规定接收、派发、审核并回复国网客服中心、12398监管热线、社会联动等全渠道客户非抢修类诉求。对社会舆情强烈关注、人身安全等重要服务事件开展风险管控，及时通过短信等方式报送给相关管理人员。全过程监控工单的处理进度和质量，及时开展预警、督办，对不符合要求的退回重新办理，实行闭环管理	8
		2.2　接收客户在"网上国网"APP、95598智能互动网站等电子渠道提交的各类办电申请，按业务收资规定完成对申请业务的电子资料审核，发起营销业务流程，实行客户"一次性告知"。开展内部多部门协同，减少客户临柜次数，实现业务办理"最多跑一次"	8
		2.3　定期开展基层班组现场服务承载力分析和管控。结合客户需求实时完成现场服务时间预约，并及时派单到相关服务班组，将现场服务信息通过短信等方式发起客户和现场服务班组。按预约确定时间跟踪现场服务情况，及时催办、督办，对现场服务完结情况开展客户确认，对存在问题及时协调处置	8
		2.4　开展业扩全流程线上协同流转环节的实时预警、协调催办和全过程管控。实时跟踪高低压业扩在途进程、内部协调情况以及配套工程执行进度，管控服务风险。定期监控高压业扩时间异常情况、平均办电时间，以及供电方案答复、竣工检验、装表接电等关键环节时长。定期监控结存情况、永久减容销户情况和变化趋势，暂停及暂停恢复的用户及容量构成情况和变化趋势。对新装、增容、减容、暂停等业务的客户服务评价情况开展分析，定位影响客户体验的主要问题	8
		2.5　按照《国网营销部关于95598重要服务事项报备管理的规定》，按时完成重要服务事项的录入、审核、发布及分级、分类统计汇总	8

续表

供电服务指挥劳动竞赛"优秀班组"评价细则（服务调度班）

序号	评价内容	评价标准	标准分
3	创新争优（20分）	3.1 大力开展班组"争优"活动，增强班组的凝聚力、创造力、执行力，班组工作效率显著提高，自主管理水平明显提升	10
		3.2 提高创新技能，立足岗位创新，开展合理化建议等，着力提高班组成员的学习能力、创新能力和竞争能力，增强班组的凝聚力、创造力、执行力，班组工作效率显著提高，自主管理水平明显提升	10
总分			100

供电服务指挥劳动竞赛"优秀班组"评价细则（配电自动化运维班）

序号	评价内容	评价标准	标准分
1	班组设置（40分）	1.1 按照省公司有关规定的要求，设立班组，配齐班组人员	20
		1.2 班组岗位设置合理，职责明确，分工清晰，并有对班组和工作岗位的考核办法	20
2	业务开展（40分）	2.1 实时监测配网自动化主站系统运行情况，将相关运行情况数据进行汇总、分析，系统异常时形成配电自动化缺陷联系单，配合开展配电自动化缺陷的处理工作	8
		2.2 负责配电自动化主站系统的日常巡视、维护工作，配合开展配电自动化厂站的主站接入联调	8
		2.3 开展 PMS 异动流程的专题图图模审核工作，开展配电自动化主站系统的图模导入工作	8
		2.4 开展配电自动化系统运行指标管控，定期开展指标统计、分析和发布	8
		2.5 配合相关职能部门开展配电自动化主站系统应用需求收集和培训宣贯工作	8
3	创新争优（20分）	3.1 大力开展班组"争优"活动，增强班组的凝聚力、创造力、执行力，班组工作效率显著提高，自主管理水平明显提升	10
		3.2 提高创新技能，立足岗位创新，开展合理化建议等，着力提高班组成员的学习能力、创新能力和竞争能力，增强班组的凝聚力、创造力、执行力，班组工作效率显著提高，自主管理水平明显提升	10
总分			100